당신에게 어울리는

강아지를
찾아 드립니다

당신에게 어울리는

강아지를 찾아 드립니다

데이비드 앨더튼 지음

이진구 옮김

나의 라이프
스타일에 맞는
친구 찾기

ⓒ구르는재주

The Right Dog For You
by David Alderton

Copyright ⓒ 2021 Quarto Publishing plc.
Originally published by Ivy Press
All rights reserved.

This Korean edition was published by Grunun-Jaeju(Anchor of Mind)
in 2021 under licence from Quarto Publishing plc. arranged through
Hobak Agency, South Korea.

이 책의 한국어판 저작권은 Hobak Agency를 통해
Quarto Publishing plc.와 독점계약한 구르는재주에 있습니다.
저작권법에 의해 한국 내에서 보호를 받는 저작물이므로
무단 전재 및 복제를 금합니다.

당신에게 어울리는
강아지를 찾아드립니다

초판 1쇄   2021년 09월 30일

지 은 이   데이비드 앨더튼
옮 긴 이   이진구

책임편집   박병규
디 자 인   박경아

펴 낸 이   박병규
펴 낸 곳   구르는재주
등   록   2020년 11월 11일 제2020-40호
주   소   (01411) 서울시 도봉구 마들로13길 84
            창동아우르네 1층 신나
전   화   (070) 8702-8709
팩   스   (02) 6020-8715
이 메 일   doximza@gmail.com
I S B N   979-11-973552-1-9 (13490)

구르는재주는 생각의닻의 실용서 브랜드입니다.
잘못되거나 파손된 책은 구입하신 서점에서 교환해드립니다.
책값은 뒤표지에 있습니다.

목차

서문

사진만 봐도 알 수 있듯이, 세상에는 다양한 개가 존재한다. 일반적으로 개는 멋진 외모와 뛰어난 지능을 가진 동물로 여겨진다. 하지만 견종이나 개체별로 자세히 들여다보면 외형, 색상, 무늬, 크기가 각양각색이고 성격도 제각각이라 하나같이 개성 있는 모습을 지니고 있음을 알 수 있다. 이렇게 다양한 매력에 빠져 하나둘 새로운 강아지들을 만나다 보면, 사람들은 자신에게 꼭 맞는 견종이 따로 있음을 느끼게 된다.

이 책은 당신이 가장 잘 어울리는 친구를 찾는 데 길잡이가 되어줄 상세한 안내서이자 다양하고 멋진 강아지들의 모습을 보여주는 책이다. 또한 세계에서 가장 인기 있는 강아지 118종과 지금까지 어디에서도 찾을 수 없었던 이들에 관한 정보를 담고 있다. 그래서 당신에게 어울리는 멋진 친구를 찾을 수 있도록 도와준다. 아마 당신은 이 책에서 당신과 잘 어울리는 강아지를 어렵지 않게 찾을 수 있을 것이다.

우선 견종표준을 근거로 몸집이 작은 친구들부터 몸집이 큰 순서로 배치했다. 이것은 당신이 사는 공간에 특정 견종을 무리 없이 들일 수 있는지 알려주는 중요한 정보다. 같은 크기라면 체중이 덜 나가는 친구부터 소개했다. 참고로 개의 키는 다른 가축처럼 머리가 아니라 전통적으로 어깨높이를 기준으로 측정하므로 실제는 수치보다 조금 더 크다는 점을 기억해야 한다.

본문에는 테리어, 토이 등 해당 견종이 속한 그룹을 표시해서 소개된 친구가 어떤 타입에 속하는지 어떤 한눈에 알 수 있도록 했다. 이것은 해당 견종의 성격이나 활동량과 직결되는 부분이라서 당신의 라이프 스타일과 맞는지를 확인하는 데 중요한 항목이다.

'디자이너 독' 가운데 가장 인기가 많은 친구들도 추가했다. 디자이너 독은 지난 100여 년 동안 그 종류가 큰 폭으로 증가했다. 그렇지만 기존 품종들과 동일한 잣대로 평가해서는 안 된다.

마음에 드는 친구를 들이기 전에 꼭 알아야 할 정보도 본문에서 쉽게 알 수 있도록 소개했다. 실루엣 그래픽은 강아지가 어디까지 성장할지 한눈에 보여준다. 또 아이와는 잘 지내는지, 털관리는 어려운지, 먹이는 얼마나 먹는지, 산책은 얼마나 시켜줘야 하는지 등을 그 아래쪽에 심벌로 소개했다. 이 심벌을 참고하면 해당 강아지의 요구 조건을 쉽고 빠르게 가늠할 수 있다.

겨우 100년 전만 해도 개는 목축이나 사냥, 짐을 끄는 등의 일을 했던 존재지만, 이제는 대부분의 강아지들이 가족의 일원으로서 사랑을 주고받는 존재가 되었다. 특정 견종이 탄생한 배경을 아는 것은 새롭게 가족이 될 친구의 기질과 행동을 이해하는 데 많은 도움을 준다.

《당신에게 어울리는 강아지를 찾아드립니다》는 멋진 강아지들을 한눈에 살펴보고 싶은 독자, 강아지를 새로운 가족으로 맞이하려는 독자, 당신이 선택한 강아지에 관해서 더 자세히 알고 싶은 독자 모두에게 충실한 정보를 제공할 것이다.

반려견을 집에 들이기 전에

순종이든 디자이너 독이든, 강아지를 집에 들이는 것은 절대 서둘러 결정할 일이 아니다. 어쩌면 10년 이상 당신과 가족의 동반자를 고르는 일이므로 신중하게 생각해야 한다.

강아지의 빼어난 외모가 당신을 고민하게 만드는 시작점일 수 있다. 사람과 마찬가지로 강아지도 겉모습만 보고 판단해서는 안 된다. 이 책을 통해 당신의 마음을 빼앗은 강아지가 어떤 역사적 배경과 유전적 특성을 갖고 있는지 알게 되면, 이 친구의 성격과 행동도 어느 정도 짐작할 수 있을 것이다.

그리고 지금은 작고 귀여운 이 강아지가 앞으로 얼마나 커질지, 산책을 얼마나 오랫동안 시켜줘야 하는지, 먹이는 얼마나 먹여야 하는지, 그루밍은 얼마나 자주 해줘야 하는지, 또 어떤 질병에 취약한지도 알게 될 것이다. 이 과정에서 당신의 라이프 스타일에 꼭 맞는 친구를 만날 확률이 그만큼 높아진다.

강아지를 새로운 식구로 맞이한다는 것은 당신의 라이프 스타일에 몇 가지 중요한 변화가 일어난다는 뜻이다. 우선 매일 강아지를 돌봐줄 시간이 반드시 필요하다. 마당이 없는 작은 아파트에 거주하면서 하루 종일 직장에 있는 사람이라면 개보다 손이 덜 가는 다른 반려동물을 알아보는 것이 좋다. 개는 운동을 해야 하고 이를 위한 공간과 시간이 꼭 필요하다. 또 개는 매우 사회적인 동물이기 때문에 오랫동안 혼자 방치되면 문제를 일으킨다. 경우에 따라서 집안 살림을 박살낼 수도 있다.

견종의 크기도 중요한 요소다. 대형견은 몸집에 걸맞게 식욕이 왕성하고 활동 반경도 넓다. 대신 대체로 수명이 짧다. 견종별로 요구하는 그루밍 수준이 다르다는 점도 고려해야 한다. 털이 짧은 녀석은 비교적 손질이 덜 필요한 반면, 털이 풍성하면 매일 빗과 브러시로 관리하여 엉키지 않도록 해야 한다. 일부는 정기적으로 전문가에게 그루밍을 맡기는 걸 추천한다. 또 어떤 친구는 다른 개들보다 훨씬 오랫동안 운동을 시켜줘야 한다.

당신이 반려견에게 얼마나 많은 시간을 할애할 수 있는지 강아지를 들이기 전에 꼭 생각해봐야 한다.

▶ 사랑스러운 강아지를 충동적으로 구매하고 싶을 수 있다. 하지만 당신의 강아지에게 행복한 가정을 제공하려면 얼마나 많은 시간과 정성이 필요한지 생각하며 다시 한번 마음을 가다듬어야 한다.

▼ 개를 키우기로 한 순간부터 즉시 가계에 부담이 된다. 소형견을 선택하고 애견보험에 든다면 비용을 최소화할 수 있다. 또 털이 짧은 견종을 선택하면 전문가에게서 그루밍을 받는 비용을 절약할 수 있다. 하지만 생각보다 많은 돈이 든다는 걸 알아야 한다.

▲ 빠삐용보다 월등히 큰 그레이트 데인을 보면, 강아지마다 몸집이 극과 극으로 나뉜다는 것을 알 수 있다. 대형견을 키우기 위해서는 필요한 조건이 굉장히 많다. 일반적으로 소형견보다 식비도 많이 들고 훨씬 더 넓은 공간이 필요하며 손도 많이 간다.

▶ 일부 강아지는 붙임성이 좋아서 가정에서 반려견으로 키우기 좋다. 하지만 자녀가 강아지를 키운 경험이 없다면 새로운 반려동물과 어떤 식으로 놀아야 할지 가르쳐야 하며 절대로 음식이나 장난감으로 개를 안달하게 해서는 안 된다는 걸 알려줘야 한다.

▲ 잘 훈련된 강아지라면 목줄 없이 뛰어다니게 해줄 필요가 있다. 함께 달리고 재미있게 노는 것이야말로 개 키우면서 느낄 수 있는 가장 큰 즐거움이다.

개의 기원

겉모습이 천차만별이지만 모든 개는 지구상에 가장 널리 분포된 포유류인 회색늑대Canis lupus의 자손이다. 회색늑대는 북반구 대부분의 지역에 분포했던 동물이기 때문에 살던 지역에 따라 가축화된 개의 몸집이나 색상이 달라졌다. 그래서 오늘날 이토록 다양한 견종이 탄생한 것이다.

가축화된 개의 기원은 하나가 아니라 고대로부터 지역별, 시대별로 다양하게 일어났다는 것이 거의 확실하다. 개의 가축화는 최소 1만 2,000년 전 시작되었지만, 훨씬 전부터 시작되었을 가능성도 있다. 사이트 하운드(후각보다 시각에 의존해서 사냥하는 개)는 이집트와 북아프리카 지역에서 나타났는데, 수천 년 전 유물에서도 오늘날의 그레이하운드와 뚜렷한 유사성을 지닌 고대 견종을 발견할 수 있다. 사이트 하운드는 제일 먼저 가축화가 진행된 견종으로 추측된다. 사이트 하운드의 특징은 다리가 길며 비교적 폭이 좁은 두상과 폐활량이 좋은 넓은 흉곽을 가지고 있다. 그래서 가장 뛰어난 달리기 실력을 자랑한다.

대형 마스티프 계열은 아시아에서 기원해 실크로드를 통해 유럽으로 건너간 것으로 보인다. 한편 극지방은 썰매개들의 고향으로 이들의 자손인 알래스칸 맬러뮤트 등의 견종은 지금도 해당 지역에서 사역견으로 키워지고 있다. 썰매개와 함께 또 다른 극지방 출신의 견종 스피츠는 등 위로 말려 올라간 꼬리가 특징이다. 이들 견종은 쫑긋한 귀와 탄탄한 체격, 추위를 막아주는 방한성이 뛰어난 털을 가지고 있다.

애완용 소형견은 상대적으로 훨씬 뒤에 등장했지만 약 2,000년 전 로마 시대에 이미 널리 퍼져 있는 상태였다. 이들은 태어난 새끼들 중 작은 녀석끼리 인위적으로 교배시키는 방식으로 만들어졌으며 여러 세대를 거치며 점점 더 몸집이 작아졌다.

비교적 최근까지도 개에 관한 연구는 부족했다. 체계적인 분류와 연구가 도입된 지는 백 년 정도에 불과하다. '도그쇼' 같은 경연대회가 인기를 끌기 시작하면서 생겨난 결과물이다. 도그쇼에서 보는 견종들의 이상적인 외모는 견종표준에서 정의하고 있다. 심사위원은 견종표준에 따라 이상적인 신체적 특징과 함께 눈에 보이는 결점 요소들을 확인하며, 견종표준에 부합하지 않는 부분을 평가하는 것이지, 함께 출전한 다른 강아지와의 우열을 평가하는 것이 아니다.

이 책에 수록된 사진들은 대부분 도그쇼 챔피언 출신들로 각 견종이 갖고 있는 모범적인 특징을 잘 보여주는 친구들로 구성되어 있다.

◀ 개의 역사는 멋진 회색늑대(좌)로부터 시작되었다. 가축화를 거치면서 바센지(우) 같은 순종의 탄생으로 이어지게 된다.

개의 부위별 명칭

▼ 오늘날 견종들의 외모는 품종 개량을 통해 점점 발전해왔으며 견종표준에 따라 우수성을 평가한다. 아래의 그림은 개의 부위별 명칭을 나타낸다.

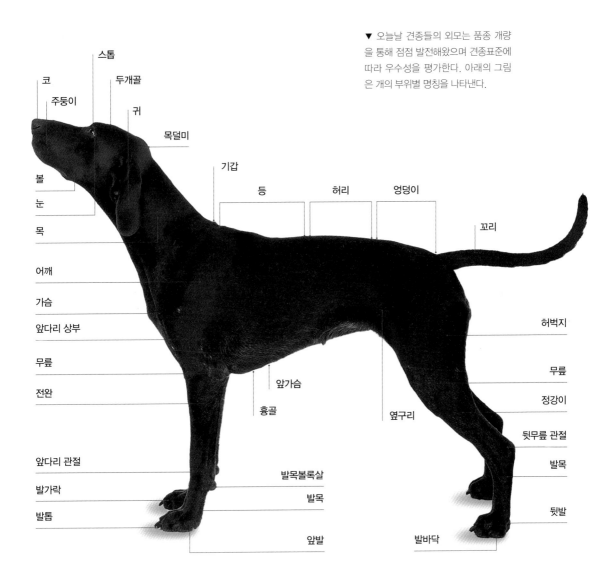

- 스톱
- 두개골
- 코
- 주둥이
- 귀
- 목덜미
- 기갑
- 등
- 허리
- 엉덩이
- 볼
- 눈
- 목
- 꼬리
- 어깨
- 가슴
- 앞다리 상부
- 허벅지
- 무릎
- 전완
- 앞가슴
- 무릎
- 정강이
- 흉골
- 옆구리
- 뒷무릎 관절
- 발목
- 앞다리 관절
- 발목볼록살
- 발가락
- 발목
- 발톱
- 뒷발
- 앞발
- 발바닥

종별 분류

견종 분류법은 세계적인 표준이 아직 정해져 있지 않다. 영국의 켄넬 클럽Kennel Club과 아메리칸 켄넬 클럽AKC. American Kennel Club에는 아래와 같이 7개 그룹으로 나누는 반면, 유럽 세계애견연맹FCI. Fédération Cynologique Internationale에서는 10개 그룹으로 나눈다.

기본적으로 이런 분류법은 견종을 목적에 따라 나누는 것이다. 분류 결과에 차이가 있는 경우는 다양한 목적으로 활용되었던 견종에서 주로 나타난다. 가축을 모는 개가 경비견이나 사냥개로도 활용되었던 경우라고 할 수 있다.
오늘날 세계에는 400여 종 이상의 견종이 존재한다. 견종breed이란, 특정 그룹 내에서 교배를 시켰을 때 부모와 동일한 외모를 가진 강아지가 태어나는 그룹을 지칭하는 용어다. 일부 사례를 보면, 견종 사이에 큰 차이가 없는 경우도 있다. 노리치 테리어Norwich Terrier와

노퍽 테리어Norfolk Terrier가 그런 경우로, 두 견종을 나누는 차이점은 귀 모양이 서 있느냐 아니냐의 차이뿐이다. 노리치 테리어가 쫑긋한 귀를 가진 반면, 노퍽 테리어는 머리 양쪽으로 늘어진 귀를 가지고 있다.
세상에 존재하는 다양한 견종들 중 대략 절반 정도는 도그쇼에서 섰기 때문에 인지도가 있다. 그 외의 견종들은 특정 지역에만 분포하고 있어서 인지도가 떨어지는 것일 뿐이다. 특정 견종이 가진 외모나 특징을 가지고 있다고 해도 도그쇼를 통해 표준화된 견종만 존재하는 것은 아니다.

허딩(Herding-He)
허딩 그룹은 주로 목양과 목축 일을 해왔던 친구들로 주인과 긴밀한 유대감을 형성해왔다. 허딩 그룹에 속한 친구들은 지능이 높고 학습 능력이 뛰어난 것이 특징이다. 에너지가 넘치지만 금세 지루함을 느끼므로 운동을 충분히 시키지 않으면 집안 기물을 파손하는 경우가 많다.

하운드(Hound-H)
하운드 그룹에는 역사가 오래된 견종들이 많고 주로 사냥개로 키워졌다. 고고학 연구에 따르면, 이들은 수천 년 동안 외모에 변화가 거의 없었다. 하운드 그룹은 빠른 속도를 타고난 사이트 하운드sight hound, 상대적으로 느리지만 무리를 이뤄 사냥하는 센트 하운드scent hound로 나뉜다.

논스포팅(Nonsporting-NS)
기타 그룹을 아메리칸 켄넬 클럽에서 세련된 표현으로 부르는 것으로, 영국 켄넬 클럽 분류법의 유틸리티 그룹에 해당된다. 여러 가지 다양한 목적을 위해 만들어져, 기존 분류법에 의하면 어느 그룹에도 속하지 않던 견종들이 이곳에 포함된다. 그래서 가장 다양한 친구들이 속한 그룹이다.

이 책은 아메리칸 켄넬 클럽의 분류법에 따라 허딩, 하운드, 논스포팅, 스포팅, 테리어, 토이, 워킹이라는 7개 그룹으로 나눴다. 주요 견종과 함께 디자이너 독 6종을 수록했다. 그리고 한국의 전통 견종 삽살개와 진도개도 추가했다.

지금도 새로운 견종이 끊임없이 탄생하고 있다. 기존 견종을 교배시켜 반려견으로 인기를 끌 만한 매력적인 외모를 지닌 개를 개발하는 것이 최근의 흐름이지만 순종을 중요시하는 사람들은 이런 유행을 못마땅해 하기도 한다. 이렇게 개발된 견종 중 가장 유명한 사례를 꼽자면 래브라도 리트리버와 푸들을 교배한 래브라두들이 있다. 이런 견종들은 아직 도그쇼 무대에서나, 국제적으로 공인 받지 못했지만 애완견으로서는 매우 인기가 높다.

스포팅(Sporting‐S)
오늘날에는 '사냥개gun dog'라고 불리는 견종이지만, 대부분은 레저스포츠로써 사냥이 자리 잡기 전부터 존재해왔다. 스포팅에 속한 녀석들은 사냥감의 위치를 탐지하는 것뿐만 아니라, 모는 능력도 탁월하다. 또 사냥감이 총에 맞으면 물어오는 역할을 한다. 스포팅 견종은 훈련이 쉽고 사람들과 잘 협력하기 때문에 반려견으로 인기가 높다. 하지만 운동을 충분히 시켜줘야만 한다.

테리어(Terrier‐Te)
테리어 그룹에 속한 녀석들은 비교적 덩치가 작고 독립적인 성격을 지니고 있다. 테리어에 속한 친구들은 땅속을 파고 들어가 여우 같은 사냥감을 찾아내 다른 사냥개가 쫓을 수 있도록 하는 역할을 맡았으며 주로 영국에서 많이 키웠다. 또한 테리어는 쥐를 잘 잡아 농장에서 인기가 높았으며, 일부는 대담한 기질 때문에 투견으로 쓰이기도 했다.

토이(Toy‐T)
작은 몸집이 특징인 토이 그룹은 주용도가 애완용이었다. 오늘날 인기 있는 견종의 대부분은 원래 유럽 궁중에서 귀부인들이 애완용으로 키웠던 강아지들이다. 이탈리안 그레이하운드처럼 대형견을 성공적으로 축소시킨 경우가 있는가 하면 생김새가 전혀 다른 친구들도 있다. 토이 그룹에 속한 견종들은 대체로 다정하고 붙임성 좋다.

워킹(Working‐W)
워킹 그룹에 속하는 녀석들은 대부분 원래 가축이나 사유지를 지키던 개였다. 그래서 독립적인 성격을 타고났다. 크고 힘이 센 친구들이 많아서 철저한 훈련이 필요하다. 일부는 수레를 끌거나 사람의 일을 대신 할 정도로 힘이 세다. 하지만 대부분 얌전한 편이다.

디자이너 독

최근에는 디자이너 독에 속한 친구들의 인기가 높다. 서로 다른 종을 교배시켜 탄생한 강아지로, 푸들을 부모로 사용한 경우가 많다. 강아지의 외모는 그야말로 천차만별이다. 퍼그와 비글을 교배시켜 태어난 강아지를 퍼글로 부르는 것처럼, 일반적으로 양쪽 부모 견종의 이름을 합친 이름이 붙는다. 그래서 이름으로 해당 견종의 기원을 쉽게 유추할 수 있다.

디자이너 독의 기원은 1989년 호주에서 래브라도 리트리버와 스탠다드 푸들을 합쳐 알레르기를 적게 일으키는 안내견을 만들려는 시도에서 시작되었다. 래브라도 리트리버와 스탠다드 푸들 사이에서 태어난 강아지는 푸들 유전자 덕분에 털 빠짐이 덜하다. 이렇게 탄생한 개가 바로 래브라두들이다. 지금은 전 세계에서 손꼽히는 인기 디자이너 독 가운데 하나다.

디자이너 독에 관한 흔한 오해 중 하나가 순종보다 건강하다는 믿음이다. 하지만 푸들이 다른 강아지보다 털빠짐이 덜 하거나 알레르기를 덜 일으키는 것은 아니다. 사람에 따라서는 털이 아니라 몸에서 떨어져나온 작은 피부 조각, 일명 '개비듬'이 알레르기를 일으키기도 한다.

오늘날 사람들이 디자이너 독에게 흥미를 느끼는 이유는 특징을 알아보기 쉬우면서도 개성 있는 외모를 가진 애완동물을 키운다는 측면이 크다. 사실 한배에서 난 새끼들 중에서도 부모를 반반씩 닮기보다 어느 한쪽과 더 비슷하게 태어나는 개체가 훨씬 많다. 같은 원리로 성격 면에서도 상당한 차이가 있을 것으로 예상된다.

디자이너 독을 싸게 구할 방법은 없다. 오늘날 디자이너 독 강아지는 대체로 순종인 부모보다 비싸다. 또한 흔치 않은 조합으로 태어난 강아지일수록 더더욱 희귀해서 구하기 힘들며 마음에 드는 강아지를 찾더라도 입양하기까지 상당한 비용과 수고를 지불해야 한다. 디자이너 독은 이 책 후반부에서 소개하고 있으며 'D'로 분류한다.

▶ 비교적 털이 긴 코카푸의 모습. 일반적으로 디자이너 독은 어린 강아지일 때 털이 가장 짧다. 하지만 이런 특성도 한배에서 태어났다고 해도 개체별로 차이가 크다.

◀◀ 래브라두들의 경우 옅은 살구색과 그 뒤에 있는 검은색 모두 흔한 색상이며 부모 견종의 털색과 깊은 연관이 있다.

◀ 골든두들Goldendoodle은 에너지 넘치고 명랑한 견종으로 알려져 있다. 주인과 함께 달리거나 하이킹을 하는 등 장거리 산책을 매우 좋아하므로 활동적인 가족에게 완벽한 반려견이 되어줄 것이다.

▶ 디자이너 독의 외모는 사진 속 개들처럼 부모 가운데 어느 한쪽에 치우치는 경우가 많다. 어린 처그Chug(치와와×퍼그)는 퍼그 특유의 말린 꼬리가 없지만, 오른쪽 성견인 수컷 퍼그와 생김새가 별반 다르지 않다.

세부 정보 활용하기

세부 정보 페이지에서 소개하는 다양한 내용들은 관련 정보를 쉽게 이해하고 견종별로 알아야 할 사항들을 손쉽게 비교할 수 있도록 배치했다.

사진은 개를 소개하는 기존 도서에서 보여주던 옆모습뿐만 아니라 정면도 촬영하여 가슴의 너비와 깊이, 몸통의 두께 등 해당 견종의 전체적인 생김새가 더 명확히 파악될 수 있도록 했다.

우측 페이지 상단에 있는 그래픽은 건강하고 젊은 성견을 기준으로 삼았다. 개도 나이를 들어감에 따라 식사량과 운동 요구량이 함께 감소한다는 점을 유념해야 한다.

'아이와의 친밀도' 점수는 해당 개와 함께 생활하는 아이를 기준으로 삼았다. 가정용 애완견은 손님으로 오는 아이들과는 함께 놀기를 꺼리는 경향이 있고, 처음에는 외부인으로 간주해 짖기도 한다. 문제가 발생할 수 있는 사항이므로 당신의 반려동물이 자녀의 친구들, 특히 개를 무서워하는 아이들과 함께 어울려 놀 때는 반드시 주의를 기울여야 한다.

강아지마다 여러 가지 유전적인 건강 문제가 이따금 발생한다. 고관절이형성증 등 일부 질환은 특정 견종에서 흔하게 발생한다.

'특징'에서 소개하는 내용은 반려견을 새로 가족으로 맞이할 때 중요한 참고사항을 적어두었다. 하지만 반려견에 대해 걱정이 되는 부분이 있다면, 수의사에게 먼저 조언을 구하길 추천한다.

▶ **단색**

흰색	크림색	황색	검은색	청색	적갈색이 도는 금색	밀색	적색	갈색	회색

▶ **두 가지 색 혼합**

크림색에 흰색	금색에 흰색	적갈색에 흰색	황갈색에 흰색	녹회색에 흰색	회색에 흰색	검은색에 흰색	청색에 황갈색	검은색에 금색	검은색에 황갈색

▶ **기타 색상**

적갈색 반점	청색 혼재	얼룩무늬	세 가지 색 혼합	솔트앤페퍼

▶ **그 외 언급된 색상**

- 뒤섞인 색
- 옅은 황갈색
- 얼룩무늬
- 살구색
- 세이블

이 책의 활용법

❶ 견종 : 가장 작은 견종부터 시작해 점점 더 큰 순서로 소개하였으며 디자이너 독과 우리나라 전통견 삽살개와 진도개를 마지막에 배치했다.

❷ 분류 : 견종은 아메리칸 켄넬 클럽의 시스템에 따라 분류하고 그룹 약어로 표시했다. 그리고 내가 찾는 견종이 어느 지역에서 '쇼독'으로 공식 인정받고 있는지 확인할 수 있다. 일부 권역에서는 공식적으로 하나 이상의 그룹으로 등록하기도 하므로 모든 단체가 해당 견종을 동일하게 분류한다고 볼 수는 없다.

❸ 특징 : 머리의 비율, 눈, 귀, 가슴, 꼬리, 특유의 생김새 등 전체적으로 해당 견종의 타입이나 외모를 결정짓는 중요한 요소들을 설명한다. 또한 어깨의 가장 높은 곳을 측정한 키(사진 옆에 위치)와 이상적인 체중을 함께 표기했다.

❹ 심벌 : 심벌 개수에 따라 견종의 특징을 3단계로 표현하였다. 아이와의 친밀도 2개, 그루밍(털 관리) 2개, 사료 그릇 1개, 달리기 2개인 견종은 어느 정도 아이들과 친밀하고, 털 관리는 최소한으로 충분하며, 먹이를 많이 먹이지 않아도 되고, 평균적인 운동과 산책을 필요로 한다.

❺ 색상 : 특정 견종에서 허용되는 색상 범위는 무늬에 대한 설명을 곁들여 소개했다. 개략적이기는 하지만 단색, 두 가지 색, 그 외 대부분의 피모색 범주가 포함된 색상 참고도를 좌측 페이지 하단에 수록했다.

❻ 사진 : 해당 견종을 도그쇼 스탠스로 정면과 측면에서 각각 찍어 각 견종의 특징을 전체적으로 확인할 수 있도록 했다.

❼ 본문 : 견종별 설명은 도입부, 간략한 기원 설명, 외모, 성격, 건강 관리, 마지막으로 보호자가 꼭 알아야 할 정보 순으로 구성했다.

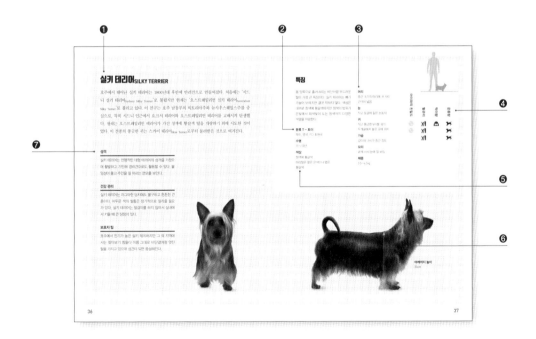

당신에게 어울리는

친구 찾기

치와와 CHIHUAHUA

멕시코의 치와와주에서 탄생해서 '치와와'라는 이름을 갖게 된 이 친구의 기원은 명확하지 않다. 고대 아즈텍인들이 키우던 개의 후손으로 여겨지며, 현재 세계에서 가장 작은 개로 알려져 있다. 1850년대 중반 미국에 전해졌으며, 초창기 치와와의 생김새는 오늘날의 치와와보다 얼굴이 더 길고 크며 박쥐를 닮은 귀를 가지고 있었다.

성격

활발하고 짖는 소리가 큰 치와와는 의외로 대담하고 두려움을 모르는 성격을 지니고 있다. 이 친구는 함께 사는 강아지나 주인과 매우 긴밀한 유대감을 형성한다. 흥분했을 때는 몸을 떨기도 하는데 단모종답게 추위를 잘 타는 편이다.

건강 관리

치와와는 다양한 유전질환을 가지고 있다. 머리가 비정상적으로 부어오르는 수두증水頭症처럼 출생 시점에 이미 증상이 나타나는 질병도 있다. 특히 치와와가 살이 찌면 폐와 연결되는 기도가 좁아질 수 있어 위험하다.

보호자 팁

단모종은 털 관리가 매우 간단하다. 영구치가 난 후에도 유치가 남아있는 경우가 있으므로 유치가 확실히 빠졌는지 강아지의 입안을 꼭 확인하도록 한다. 의외로 치와와는 까다로운 식성을 가지고 있다.

특징

큰 반구형 두개골의 중심부에 뼈가 완전히 덮이지 않고 천문泉門, 머리뼈를 연결하는 부드러운 섬유성 막이 있어 충격에 취약하므로 개를 다룰 때 주의해야 한다. 원래 형태인 단모종은 매끈하고 윤기 나는 털을 가지고 있다. 반면, 장모종은 전체적으로 부드럽고 살짝 곱슬거리며 꼬리와 귀에는 긴 장식털이 나 있다.

분류 T – 토이
북미, 영국, FCI 회원국

수명
12~15년

색상
모든 색상과 패턴 가능

머리
특징적인 애플돔 두상과
짧은 주둥이

눈
둥글고 미간이 넓음

귀
큰 귀가 머리 양쪽에서
약 45도 기울어진 형태

가슴
두껍고 돌출됨

꼬리
등 위로 치켜올라간
중간 길이의 꼬리
휘어진 꼬리가 점점 가늘어짐

체중
1~1.75kg가 적당하지만
2.75kg까지 가능

아이와의 친밀도

털 관리

운동량

어깨까지 높이
15~23cm

21

그리폰 브뤼셀 GRIFFON BRUXELLOIS

테리어를 닮은 이 소형견은 브뤼셀 그리펀Brussels Griffon이라고도 하며 고향 벨기에에서 600년 이상 이어져 내려오며 사랑받고 있다. 그리폰 브뤼셀은 원래 귀족들이 기르던 개였지만, 근대화와 함께 전 계층으로 퍼져나갔다. 이 친구는 마구간 근처에서 생활하며 쥐잡이 전문 개로 활약했다. 과거에는 전형적인 테리어에 가까운 생김새였지만, 1800년대 퍼그와 교배되면서 얼굴이 납작해졌다. 이 과정에서 털이 짧은 스무스 코티드 타입의 브라방송 Brabacon도 탄생했다.

성격

활발하고 기민한 그리폰 브뤼셀은 훈련이 쉽지만 장난기가 많고 다소 예민한 성격을 지니고 있다. 그래서 종종 목줄 훈련이 어려운 경우도 있다.

건강 관리

최근 100년 동안 그리폰 브뤼셀은 생식능력이 눈에 띄게 떨어졌다. 암컷이 임신을 해도 출산이 힘들거나, 강아지가 한 마리만 태어나는 경우가 많은데 그나마도 제왕절개가 필요할 수 있다. 털이 뻣뻣하기 때문에 단정하고 깔끔하게 유지하려면, 겉털을 뽑는 핸드스트리핑을 해줘야 한다.

보호자 팁

관심받기를 좋아하는 그리폰 브뤼셀은 가까운 가족 구성원들과 긴밀한 유대감을 형성한다. 그리고 이 친구는 고양이와 사이좋게 지내는 편이므로 고양이를 키우는 이들에게 그리폰 브뤼셀은 좋은 선택지다. 격렬한 놀이를 그다지 좋아하지 않기 때문에 어린 자녀가 있는 가정에 적합하지 않다.

특징

털이 거칠고 뻣뻣하며 머리에 나는 털이 더 길다. 흰색 털은 주둥이 주변에 흰 가루를 뿌린 듯 아주 적게 분포한다.

분류 T – 토이
북미, 영국, FCI 회원국

수명
12~15년

색상
주로 적색, 검은색, 검은색에 황갈색, 벨지(검은색에 적갈색)

머리
크고 둥근 두상에 귀 사이가 넓음

눈
크고 둥글며 짙은 눈동자

귀
반쯤 선 작은 귀가 두개골에서 높은 곳에 위치

가슴
비교적 깊고 넓음

꼬리
등과 90도를 이루며 주로 높게 올리고 다님

체중
3.5~4.5kg이 이상적
5.5kg 이상은 건강에 좋지 않다

아이와의 친밀도

털 관리

먹이량

운동량

어깨까지 높이
20cm

닥스훈트 DACHSHUND

1793년 프랑스혁명 때 도망친 프랑스 귀족이 현재의 독일 지역으로 다리가 짧고 몸통이 긴 바셋 타입의 강아지들을 데리고 왔다. 이 강아지들이 원래 독일에 있던 녀석들과 교배해 탄생한 개가 바로 닥스훈트다. 전통적인 하운드의 생김새와 달리 다리가 짧은 닥스훈트는 땅속에 숨은 오소리를 사냥하기 위해 만들어졌으며, 미니어처 타입은 토끼를 사냥했다.

성격

작은 몸집에도 대담하고 두려움을 모르는 닥스훈트는 충성스럽고 원만한 성격으로 가족 구성원들을 대한다. 덩치는 작지만 위협적으로 짖는, 기민한 경비견이기도 하다.

건강 관리

닥스훈트는 체형의 특성상 척추 디스크 질환에 취약하다. 따라서 개가 계단을 오르거나 의자 위로 뛰어오르게 해서는 안 된다. 또 척추에 부하가 걸릴 수 있으므로 비만도 금물이다. 단모종 닥스훈트는 진드기에 취약해 털빠짐이 심해지기도 한다.

보호자 팁

장모종 닥스훈트는 다른 종들보다 털 관리를 더 많이 해야 한다는 점을 유념하고 신중하게 선택해야 한다. 이 친구는 넓은 사육환경을 요구하지 않아 산책할 공원이 근처에 있는 도시 지역에 적합하다. 닥스훈트는 운동 시 꼭 목줄 대신 가슴에 매는 하네스를 착용하여 등이 다치지 않도록 보호해야 한다.

특징

닥스훈트의 원래 형태는 스탠다드 스무스 헤어드 타입이다. 롱헤어 타입은 스패니얼과 교배시켜 탄생하였으며 와이어헤어드 저먼 핀셔Wirehaired German Pinscher의 특징도 가진 것으로 여겨진다. 스탠다드 닥스훈트는 소형화를 거치면서 현재와 같은 미니어처 닥스훈트로 거듭나게 되었다.

분류 H – 하운드
북미, 영국, FCI 회원국

수명
12~13년

색상
가슴에 흰색만 허용

머리
코로 갈수록 점점 좁아지는 형태

눈
중간 크기에 아몬드형

귀
둥근 귀가 정수리에 가깝게 위치

가슴
가슴이 양쪽에서 눌린 듯이 흉골 돌출

꼬리
몸통 끝에서 크게 휘어지지 않음

체중
7~14.5kg

아이와의 친밀도

털 관리

목욕량

운동량

어깨까지 높이
20~26.5cm

시츄SHIH TZU

이 동양의 고대 견종의 이름은 '사자개'라는 의미를 지니며 원래 발음은 '쉬즈'에 가깝다. 머리에 난 털이 물결치듯이 길게 자라서 '국화개'라고 불리기도 했다. 시츄는 중국 황실에서 라사 압소와 페키니즈를 교배시켜 탄생했다. 서양에서는 1930년대까지 시츄의 존재를 알지 못했으나 이후 큰 인기를 얻는다.

성격

시츄는 조상인 페키니즈로부터 장난기 넘치는 성격과 위엄 있는 기질을 동시에 물려받았다. 이 친구는 붙임성이 좋아서 다정한 반려견이 되어줄 것이다.

건강 관리

시츄는 가끔 유전적으로 신장 기형이 발생할 수 있지만, 보통 한 살이 되기 전까지는 증상이 명확하게 나타나지 않는다. 그 외에도 혈액 응고 시스템에 영향을 미치는 여러 가지 유전질환이 존재한다. 육안으로 처음 확인되는 증상은 피부 아래에 혈액성 내용물을 가진 작은 수포가 점점 커지는 것이다.

보호자 팁

시츄는 길고 빽빽한 이중모를 가지고 있어서 털 관리에 상당히 많은 시간을 투자해야 한다. 주둥이 쪽으로 자란 털은 머리 위로 묶어 올려주면 좋다. 이 친구는 좁은 공간에서도 만족하며 생활하기 때문에 아파트에 거주하는 사람에게 적합하다.

특징

시츄의 두상에 조상이었던 개들의 특징이 잘 드러난다. 두개골은 라사 압소보다 둥글지만 주둥이는 페키니즈보다 길고 돌출되어 있다. 그리고 눈도 제대로 노출되어 있다. 흔치 않은 경우지만 주둥이의 털이 이마 쪽으로 자라기도 한다.

분류 T – 토이
북미, 영국, FCI 회원국

수명
11~13년

색상
제한 없음

머리
넓고 둥근 형태

눈
적당한 미간
짙은 눈동자

귀
머리 양쪽으로 늘어진 큰 귀

가슴
깊고 넓으며 흉곽이 앞다리
무릎까지 내려옴

꼬리
시작 부위가 높고 등 위에서
앞쪽으로 말림

체중
4~7kg

아이와의 친밀도

털 손질

운동량

어깨까지 높이
23~26.5cm

댄디 딘먼트 테리어DANDIE DINMONT TERRIER

댄디 딘먼트 테리어는 유명한 소설 속 인물에서 이름을 딴 유일무이한 견종이다. 1814년 출판된 월터 스콧의 소설 《가이 매너링》에는 주인공 댄디 딘먼트Dandie Dinmont가 기르던 테리어가 등장한다. 소설에서 이 강아지를 '댄디 딘먼트의 테리어'라고 줄여 부르다가 현재의 이름으로 굳어졌다. 1700년대 초반 스코틀랜드 남쪽 국경 지방에 존재하던 테리어를 기반으로 만들어진 녀석이지만 정확한 기원은 불분명하다.

성격

높은 지능을 가졌으나 내성적인 친구다. 하지만 가끔 외향적이고 장난기 넘치는 모습을 보일 때도 있다. 끈기 있고 대담해서 덩치가 훨씬 큰 개를 상대로도 주눅 들지 않는다.

건강 관리

몸통이 길어서 척추 디스크 질환에 취약하다. 디스크가 척추 사이에서 쿠션 역할을 하지 못하고 원래 위치를 벗어나는 상황이 종종 발생한다. 하지만 세심하게 관리하고 치료한다면 다시 회복하는 경우가 많다. 댄디 딘먼트 테리어 특유의 외모를 유지하려면, 털 관리에 전문가의 손길이 필요하다.

보호자 팁

척추 질환 발생을 최소화하는 데 초점을 맞춰야 한다. 운동 시 목줄 대신 가슴에 매는 하네스를 착용하여 경추에 가해지는 압박을 줄이고, 개가 가구 위로 점프하거나 계단을 오르지 않도록 조심해야 한다. 필요 시 계단을 오르지 않도록 울타리를 설치하는 것도 좋다.

특징

댄디 딘먼트 테리어는 길고 낮은 몸통과 부드러운 머리털을 가지고 있다. 자신보다 강한 오소리나 다른 큰 동물을 상대로 사냥하던 녀석답게 목이 근육질로 이루어졌다. 색상은 은회색에서 짙은 남색을 띠는 솔트앤페퍼, 옅은 황갈색에서 적갈색을 띠는 겨자색이 많다.

분류 Te – 테리어
북미, 영국, FCI 회원국

수명
11~13년

색상
겨자색, 페퍼색

머리
넓은 두상에 반구형 이마와 강력한 주둥이

눈
크고 둥글며 미간이 넓음

귀
넓고 긴 귀가 두개골 뒤쪽에 위치

가슴
잘 발달된 가슴이 앞다리 사이에 위치

꼬리
삼쉬르 모양으로 휘어짐

체중
8~11kg

아이와의 친밀도

털 관리

목욕량

운동량

어깨까지 높이
20~28cm

페키니즈 PEKINGESE

오래 전 베이징을 일컫던 '페킹Peking'에서 유래한 페키니즈는 매우 귀한 존재로 여겨져 오직 중국 황제만이 소유할 수 있었다. 개를 관리하는 환관이 따로 있었으며 개를 훔치거나 팔면 사형에 처했다고 한다. 당시에는 크기가 더 작아서 '슬리브독Sleeve Dog'으로 불렸으며, 중국 전통 예복의 늘어진 소매에 넣고 다닐 수 있었다. 애견인으로 유명했던 빅토리아 여왕이 1860년대에 중국으로부터 처음 페키니즈를 선물로 받은 것으로 알려져 있다.

성격

충성스럽지만 고집이 세고 용감한 페키니즈는 당당하고 독립적인 성향을 지닌다.

건강 관리

매일 털 관리가 필수다. 페키니즈는 눈이 돌출된 탓에 다칠 위험이 크고, 얼굴이 작아 털에 눈물 자국이 남기 쉽다. 또한 몸통이 길어 척추 부상이 우려되므로 점프하거나 계단을 오르지 않도록 해야 한다.

보호자 팁

페키니즈는 보기와 달리 체력이 좋은 녀석이다. 하지만 더위에 취약하다. 여름에는 절대로 한낮에 운동을 시키면 안 된다.

특징

페키니즈는 얼굴이 작고 눈이 돌출되어 있다. 털은 과거보다 더 풍성해져서 바닥에 끌릴 정도이며 다리는 예전보다 더 짧아졌다. 목 주위에 갈기처럼 털이 길게 난 부위가 있어서 한때는 '사자개Lion Dog'라고도 불렸다.

분류 T – 토이
북미, 영국, FCI 회원국

수명
10~12년

색상
모든 색상이나 무늬 가능
주로 황금빛 갈색으로 태양빛을
닮아 '선독Sun Dogs'으로
불리기도 함

머리
큼직하고 넓은 두상에
납작한 코

눈
크고 돌출되었으며
짙은 눈동자

귀
하트 모양의 귀가 얼굴 뒤쪽에
위치

가슴
늑골이 잘 벌어진 넓은 가슴

꼬리
시작 부위가 높고 등 위로
살짝 휘어짐

체중
최대 6.5kg

아이와의 친밀도

털 관리

몸단장

운동량

어깨까지 높이
23cm

재패니즈 친 JAPANESE CHIN

행동만 보면 재패니즈 친은 구조물을 타고 올라가기를 잘하고 날렵하게 점프하는 등 일면 고양이와 비슷한 부분이 있다. 고대부터 내려온 견종으로 그 기원이 천 년 전까지 거슬러 올라가 페키니즈와 같은 조상을 가진 것으로 여겨진다. 일본 귀족들 사이에서 애완동물로 인기를 끌었으며 유럽에는 1600년대에 처음 알려졌다. 북미에서는 '재패니즈 스패니얼 Japanese Spaniel'로 처음 소개되었다.

성격

재패니즈 친은 아는 사람과 긴밀한 유대감을 형성하지만 모르는 사람과는 쉽게 친해지지 않는다. 잘 짓지 않기 때문에 경비견으로서는 적합하지 않다.

건강 관리

대체로 건강하지만 납작한 얼굴형 때문에 코를 고는 경향이 있다. 강아지의 털은 성견보다 눈에 띄게 짧지만 어릴 때부터 매일 털 관리에 익숙해지도록 해야 한다.

보호자 팁

재패니즈 친은 매일 최소한의 외출만 시켜준다면, 아파트에 거주한다고 해도 만족하고 지내는 몇 안 되는 친구다. 지능이 높고 학습 능력이 뛰어나 훈련시키기도 쉽다. 고집스러운 면도 있지만 칭찬에 잘 반응하는 편이다.

특징

납작한 얼굴과 위로 향한 코가 특징으로 귀는 머리 양쪽으로 길게 늘어져 있다. 털은 길고 매우 부드럽다. 앞다리 뒤쪽에 장식털이 있으며 발이 좁고 길다. 미간에 선명한 흰 줄무늬가 있으면 좋다.

분류 T – 토이
북미, 영국, FCI 회원국

수명
11~13년

색상
검은색에 흰색 또는 적색에 흰색

머리
크고 둥글며 반구형이 아님

눈
큰 눈에 적당한 미간
짙은 눈동자

귀
귀 사이 간격이 넓고 두개골에서
높은 곳에 위치

가슴
다부진 느낌을 주는 넓은 가슴

꼬리
시작 부위가 높음
뿌리에서 방향이 틀거나 옆으로
내림

체중
1.75~3kg

아이와의 친밀도

털 관리

운동량

무게감

어깨까지 높이
23cm

요크셔 테리어 YORKSHIRE TERRIER

애칭으로 '요키'라고도 불리는, 세계에서 가장 유명한 테리어 중 하나로 작업용보다 애완견으로 주로 키워진다. 잉글랜드 북부의 공장지대인 요크셔에서 쥐를 사냥하던 개의 후손답게 도시 생활에 잘 맞는다. 맨체스터 테리어Manchester Terrier와 현재는 멸종된 리즈 테리어Leeds Terrier 등 해당 지역의 다양한 테리어가 요크셔 테리어의 조상이었던 것으로 추정된다.

성격

조그마한 몸집에도 불구하고 자기주장이 강한 요크셔 테리어는 위풍당당하면서도 대담한 성격을 지녔다. 또한 곱상한 외모와 달리 두려움을 몰라 쥐를 사냥하던 과거의 당당함을 그대로 엿볼 수 있다.

건강 관리

안타깝게도 유전적으로 약한 무릎을 타고나 소위 슬개골 탈구가 비교적 흔해 수술로 교정해야 한다. 4~6개월 된 강아지가 절뚝거리는 증상을 보인다면 해당 질환일 가능성이 있다. 어린 요크셔 테리어에서 정상적으로 검은 털이었던 부위는 시간이 지나면서 특유의 매력적인 강청색으로 바뀐다.

보호자 팁

이 친구는 털 관리를 자주 해야 한다. 입 주변은 음식물이 묻어 있지 않도록 주기적으로 청결히 하고 빗질을 해줘야 한다.

특징

곱고 윤기가 흐르는 요크셔테리어의 털은
몸 양쪽으로 내려와 바닥까지 닿아야 한다.
머리에 난 털은 중앙에서 묶거나 양 갈래로
땋아 고정하면 좋다. 귀 끝에 난 털은 짧게
자른다.

분류 T – 토이
북미, 영국, FCI 회원국
수명 11~13년

색상
청색에 황갈색

머리
비교적 작은 머리에 작은 입

눈
중간 크기에 짙은 눈동자

귀
쫑긋하거나 반쯤 선 작은 V자형

가슴
중간 크기며 쭉 뻗은 앞다리와
붙지 않음

꼬리
등 높이보다 높게 올림

체중
3kg

아이와의 친밀도

털 관리

목욕량

운동량

어깨까지 높이
23cm

실키 테리어SILKY TERRIER

호주에서 태어난 실키 테리어는 1800년대 후반에 반려견으로 만들어졌다. 처음에는 '시드니 실키 테리어Sydney Silky Terrier'로 불렸지만 현재는 '오스트레일리안 실키 테리어Australian Silky Terrier'로 불리고 있다. 이 친구는 호주 남동부의 빅토리아주와 뉴사우스웨일스주를 중심으로, 특히 시드니 인근에서 요크셔 테리어와 오스트레일리안 테리어를 교배시켜 탄생했다. 원래는 오스트레일리안 테리어가 가진 청색에 황갈색 털을 개량하기 위해 시도한 것이었다. 이 친구의 쫑긋한 귀는 스카이 테리어Skye Terrier로부터 물려받은 것으로 여겨진다.

성격

실키 테리어는 전형적인 대형 테리어의 성격을 가졌으며 활발하고 기민해 경비견으로도 활용할 수 있다. 붙임성이 좋고 주인을 잘 따르는 면모를 보인다.

건강 관리

실키 테리어는 자그마한 덩치에도 불구하고 튼튼한 견종이다. 어두운 색의 발톱은 정기적으로 잘라줄 필요가 있다. 실키 테리어는 털갈이를 하지 않아서 실내에서 키울 때 큰 장점이 있다.

보호자 팁

호주에서 인기가 높은 실키 테리어지만 그 외 지역에서는 찾아보기 힘들다. 이름 그대로 비단결처럼 멋진 털을 가지고 있으며 성견이 되면 풍성해진다.

특징

몸 양쪽으로 흘러내리는 비단처럼 부드러운 털이 가장 큰 특징이다. 실키 테리어는 뼈가 가늘어 보이지만 결코 약하지 않다. 색상은 대부분 청색에 황갈색이지만 청색의 범위가 은빛에서 회색빛이 도는 청색까지 다양하다.

분류 T – 토이
북미, 영국, FCI 회원국

수명
11~13년

색상
청색에 황갈색
머리털은 옅은 은색이나 옅은 황갈색

머리
중간 크기의 머리에 귀 사이 간격이 넓음

눈
작고 둥글며 짙은 눈동자

귀
작고 쫑긋한 V자형 귀가 두개골 높은 곳에 위치

가슴
깊이와 너비가 중간 정도

꼬리
곧게 서서 눈에 잘 보임

체중
3.5~4.5kg

아이와의 친밀도 | 털 관리 | 먹이량 | 운동량

어깨까지 높이
23cm

비숑 프리제 BICHON FRISE

독특한 발음의 이름을 가진 비숑 프리제는 궁중에서 귀부인들의 사랑을 독차지했던 애완견이다. 비숑은 작은 바빗Barbet(프랑스 워터 스패니얼 견종 중 하나)를 뜻하는 '바비숑Barbichon'의 줄임말이며, 프리제는 이 친구의 부드럽고 곱슬한 털을 의미한다. 1500년대 프랑스에서 인기를 얻기 시작해 스페인까지 넘어갔다. 1800년대에 사람들의 관심에서 잠시 멀어졌다가 1950년대에 다시 인기를 얻게 된 친구다.

성격

매력적인 성격을 지닌 소형견 비숑 프리제는 타고난 재주꾼이자 관심받기를 좋아하는 장난꾸러기다. 덕분에 궁중에서 유행이 지난 후에도 거리 공연을 하는 사람들의 사랑을 받았다.

건강 관리

여느 토이 견종과 마찬가지로 비숑 프리제도 슬개골이 약해 외과적 교정이 필요한 경우가 많다. 혈통에 따라 간질이 발병하기도 한다. 비숑 프리제 특유의 파우더 퍼프를 연상하는 외모를 유지하려면 정기적으로 그루밍을 해줘야 한다.

보호자 팁

비숑 프리제는 장난기 넘치고 온순한 성격을 지녀 어린 자녀가 있는 가정에 매우 잘 어울린다.

특징

비숑 프리제의 매력인 눈은 테두리까지 짙은 색이라 더욱 도드라져 보이며 눈처럼 하얀 털과 대비를 이룬다. 곱슬거리지만 부드럽고 두터운 속털과 상대적으로 거친 겉털을 가지고 있어서 털이 벨벳처럼 탄력 있는 질감을 가지고 있다. 비숑 프리제의 트리밍 시 머리와 꼬리털을 더 길게 남겨 체격을 강조하는 편이다. 코와 발바닥은 검은색이다.

분류 T – 토이
북미, 영국, FCI 회원국

수명
11～13년

색상
흰색

머리
주둥이보다 긴 머리

눈
중간 크기에 비교적 둥글고
짙은 눈동자

귀
폭이 좁은 귀가 머리 양쪽에
붙어서 내려옴

가슴
두껍고 잘 발달됨

꼬리
위로 올리고 등 위에서
느슨하게 말림

체중
3～5.5kg

아이와의 친밀도

털 관리

목 이량

운동량

어깨까지 높이
23～30.5cm

라사 압소LHASA APSO

세계에서 오지로 손꼽히는 티베트에서 탄생한 이 친구는 수천 년 동안 바깥세상과 단절된 채로 살아왔다. 라사 압소라는 이름은 고향에서 '털이 많은 사자개'라는 뜻으로 이 친구의 풍성한 털과 특유의 성격을 잘 표현한다. 승려들이 크기가 작은 티베탄 테리어로부터 만들어진 것으로 추정되는 라사 압소는 죽은 승려의 영혼을 담는 그릇으로 여겨졌다. 그래서 라사 압소는 신성한 존재로 취급되어 외부인에게 주는 일이 거의 없었다. 20세기 초 라사 압소 몇 마리가 영국에 전해졌고, 북미에는 1933년 달라이 라마가 미국을 방문했을 당시 선물로 전달하면서 처음 알려졌다. 현재는 반려견으로 매우 인기가 높다.

성격

라사 압소는 차분하면서도 장난기 넘치고 충성스러운 면모를 동시에 지니고 있다. 다만 고집스러운 면도 있다.

건강 관리

서혜부 탈장이 흔해 일반적으로 수술로 교정한다. 강아지들 가운데 몇몇은 가끔 활택뇌증이라는 뇌질환으로 조정능력을 상실해 몸을 제대로 가누지 못하는 모습을 보이기도 한다. 이 질환은 특정 혈통에서 주로 발생한다.

보호자 팁

털 관리에 많은 시간이 걸린다. 라사 압소는 전통적으로 긴 털을 등 중심선에서 양쪽으로 가르마를 타 바닥까지 늘어뜨리는 모양으로 매끈하게 빗어내렸다.

특징

라사 압소의 외모는 수백 년 동안 이들이 태어난 티베트의 지리적 영향을 받아 만들어졌다. 공기가 희박한 산악 지방에서 살아남기 위해 폐활량이 좋고, 매섭게 추운 날씨에도 견딜 수 있도록 두터운 털을 가지고 있다. 발바닥도 두툼한 털로 덮여 있어 거칠고 돌이 많은 지형으로부터 발을 보호한다.

분류 NS – 논스포팅
북미, 영국, FCI 회원국

수명
11~13년

색상
모든 색상 가능

머리
두상이 비교적 좁으며 주둥이는 중간 길이

눈
중간 크기

귀
얼굴 양쪽으로 내려오며 긴 장식털이 달림

가슴
중간 크기지만 잘 짜여진 흉곽

꼬리
등 위로 올린 꼬리에 풍성한 장식털

체중
6~7kg

아이와의 친밀도

털 관리

짖는 양

운동량

어깨까지 높이
수컷 25.5~28cm
암컷 23~25.5cm

케언 테리어CAIRN TERRIER

케언이라는 이름은 스코틀랜드에서 누군가를 기리거나 경계를 표시할 목적으로 길가에 쌓아 올린 돌무더기를 지칭하는 단어 '케언cairn'에서 유래했다. 돌무더기는 쥐나 여우가 숨기 좋은 장소였던 탓에 농부들은 이 불청객들을 쫓아내기 위해 테리어를 동원했다. 케언 테리어의 원형은 스코틀랜드의 하이랜드 서부 지역과 스카이섬에서 이미 400년 전부터 키우던 개였으며, 놀랍게도 케언 테리어의 외모는 그때부터 지금까지 거의 변하지 않았다. 이 친구는 1909년까지 '숏헤어드 스카이 테리어Shorthaired Skye Terrier'라 불렸다.

성격

대담하고 호기심 넘치며 자기주장이 강한 전형적인 테리어로 사람들과 어울리기 좋아하지만 다른 강아지들에게는 관심이 덜한 편이다. 덩치는 작지만 강인하여 궂은 날씨에도 외출을 마다하지 않는다.

건강 관리

케언 테리어는 혈우병 등 여러 가지 유전질환을 가지고 있다. 4~7개월 된 강아지의 턱과 고실(고막 안쪽 관자뼈 속에 있는 공간)에서 머리턱골병증이 발생할 가능성이 있다. 이 질환에 걸린 강아지는 체온이 높아지고 식사할 때마다 고통을 느낀다. 하지만 치료를 받으면 완치가 가능하다.

보호자 팁

케언 테리어는 에너지가 넘쳐나는 튼튼한 녀석으로 무언가를 쫓거나 사냥할 때가 아니면 빠르게 달리지 않지만, 산책할 때면 빠른 걸음으로 상당히 먼 거리를 갈 수 있다. 쫓아갈 대상을 발견하면 사냥감을 쫓아 땅속으로 사라지거나 물에 뛰어들 우려가 있다.

특징

이 친구는 가장 작은 워킹 테리어 중 하나로 털이 고르지 않고 살짝 부스스한 모습을 보인다. 이중모의 겉털은 거칠고 속털은 짧고 부드러워 비바람으로부터 몸을 잘 보호한다.

분류 Te – 테리어
북미, 영국, FCI 회원국

수명
11~13년

색상
흰색을 제외한 모든 색상 가능

머리
넓은 머리에 짧고 강력한 주둥이

눈
적당한 미간
텁수룩한 눈썹털이 눈을 보호

귀
작고 뾰족하며 쫑긋함
귀 사이 간격이 넓음

가슴
중간 크기

꼬리
수직으로 세움

체중
수컷 6.5kg
암컷 6kg

아이와의 친밀도

털 관리

운동량

어깨까지 높이
수컷 25.5cm
암컷 24cm

말티즈MALTESE

현존하는 토이 견종 중 가장 오래된 것으로 추정되는 말티즈는 고대로부터 애완견으로 높은 평가를 받아왔다. 그리스·로마 시대의 유물이나 문헌에도 자주 등장했을 정도다. 이 견종은 지중해에 있는 몰타섬Malta과 연관이 깊으며 페니키아 상인들이 그곳에 들여온 개로 추정된다. 말티즈가 오늘날의 모습을 갖춘 것은 1800년대 초반이며, 정작 그 무렵에는 몰타섬에서 말티즈를 찾아보기 힘들어졌다.

성격

말티즈는 작은 덩치에 어울리지 않게 용감한 친구다. 그러면서도 붙임성 있고 다정하며 온순한 성격을 가지고 있어서 가정에서 사람들과 함께 보내는 시간을 즐거워한다.

건강 관리

속눈썹이 문제를 일으킬 수 있는 견종이다. 속눈썹이 눈 표면에 강한 자극을 주면서 눈물이 과잉 분비되는 현상이 종종 일어난다. 코 주변의 눈꼬리에 눈물 자국이 생기는지 잘 살펴보아야 한다.

보호자 팁

정기적인 털 관리가 필수적이지만 빽빽한 속털이 없어 관리 난이도는 낮은 편이다. 귀에 털이 많이 들어가면 감염 위험이 있으므로 그루밍하면서 귀 청소를 자주 하고 눈꼬리도 한번씩 닦아줘야 한다.

특징

단일모가 몸 주변으로 길게 흘러내려와 거의 지면에 닿는다. 머리에 난 털은 묶어 포인트를 주는 경우가 많다.

분류 T − 토이
북미, 영국, FCI 회원국

수명
11~13년

색상
흰색

머리
균형 잡힌 두상에 검은색 코

눈
짙은 갈색 눈동자
눈이 돌출되지 않음

귀
긴 귀에 멋진 장식털이 달림
두개골 측면에서 낮은 곳에 위치

가슴
신체 비율과 균형을 이룸

꼬리
등 위로 올린 꼬리를 한쪽
엉덩이에 올려둠

체중
1.75~2.75kg가 적당하지만
최대 3kg까지 허용

아이와의 친밀도

털 갈림

목욕량

운동량

어깨까지 높이
25.5cm

티베탄 스패니얼TIBETAN SPANIEL

티베탄 스패니얼은 기존 스패니얼과 전혀 상관이 없지만 단지 토이 스패니얼처럼 생겼다는 이유로 서양에서 붙인 이름이다. 고대부터 이어져 내려오는 견종으로 티베트 사원 공동체와 관계가 깊다. 티베탄 스패니얼의 조상은 불경이 담긴 전경기를 돌리며 승려들이 염불을 반복할 수 있도록 돕던 개였다. 초창기 티베탄 스패니얼은 크기와 외모가 다양했는데, 중국 국경과 가까운 지역일수록 주둥이 모양이 페키니즈를 닮았었다. 서양에는 1890년대에 처음 전해졌다.

성격

티베탄 스패니얼은 가까운 사람들과 잘 어울리지만 처음 보는 사람을 많이 경계한다. 자기주장이 강한 측면도 있지만 적응력이 좋아 도시 환경에서도 잘 지낸다. 지능도 높은 편이다.

건강 관리

페키니즈가 조상이긴 하지만 얼굴 형태가 극단적으로 치우치지 않아서인지 티베탄 스패니얼이 더 건강한 편이다. 두터운 이중모 덕분에 추위에도 강하다. 기본적인 그루밍만으로도 매력적인 외모를 쉽게 유지할 수 있다.

보호자 팁

티베탄 스패니얼 강아지는 일반적으로 수컷이 암컷보다 털이 더 많아서 목 주변에 작은 갈기를 형성한다. 빽빽한 속털의 상당 부분은 봄에 털갈이를 거치며 빠진다.

특징

오늘날 티베탄 스패니얼은 표준화된 외모를 가지고 있지만 체중에서 큰 차이를 보이기도 한다. 이 친구의 앞다리는 짧고 살짝 굽어 있어서 비교적 긴 몸통을 잘 지지한다. 꼬리는 장식털이 달려 있고 이동 시 높이 들어올린다.

분류 NS – 논스포팅
북미, 영국, FCI 회원국

수명
11~13년

색상
제한 없음

머리
살짝 반구형이며 몸집에 비해 머리가 작음

눈
중간 크기의 타원형에 짙은 눈동자

귀
중간 크기의 귀가 두개골에서 높은 곳에 위치

가슴
너비가 중간 정도

꼬리
시작 부위가 높음

체중
4~6.75kg

아이와의 친밀도

털 관리

모이양

활동량

어깨까지 높이
25.5cm

노리치 테리어NORWICH TERRIER

영국 동부에서 탄생한 노리치 테리어는 여느 테리어들과 달리 단독으로 움직이지 않고, 전통적으로 무리 지어 사냥에 나섰다. 노리치 테리어의 역사는 케임브리지의 마구간에 살던 테리어들이 대학생들에게 인기를 끌면서 시작되었다. 이들 테리어 중 '랙스Rags'라는 이름의 강아지가 1900년 즈음 인근 도시인 노리치Norwich로 전해졌다. 그리고 다시 14년 후 랙스의 직계 후손 '윌럼Willum'이 필라델피아로 넘어가면서 미국에 전해졌다. 당시에는 영국에서 온 사육사의 이름을 따 '존스 테리어Jones Terrier'라고 불렸다. 노리치 테리어는 1936년 쇼독으로 공인되었다.

성격

붙임성이 좋고 다른 테리어들보다 외향적인 성격을 가진 노리치 테리어는 이상적인 반려견이다. 하지만 가끔 자기주장을 강하게 드러내기도 한다.

건강 관리

튼튼하고 강인한 견종이다. 방한성이 뛰어난 털은 그루밍이 거의 필요 없다.

보호자 팁

개가 마당에 구멍을 팔 수 있음을 기억해야 한다. 노리치 테리어는 북부 지방 출신의 테리어와는 계통이 다르지만 테리어다운 모습을 여전히 간직하고 있다. 야외에서는 잠시라도 혼자 두면 땅굴을 파 마당 밖으로 도망칠 수 있으므로 울타리가 땅속에 제대로 박혀있는지 확인할 필요가 있다.

털 관리

운동량

특징

노리치 테리어는 쫑긋하고 뾰족한 귀 덕분에 활발해 보이는 외모를 지니고 있다. 억세고 뻣뻣한 털은 목과 어깨 둘레로 갈기 모양을 형성하며, 머리와 주둥이, 귀에는 털이 짧게 자란다. 앞다리는 짧지만 강하고 뒷다리는 근육질이다. 발은 둥글고 발톱은 검은색이다.

분류 Te – 테리어
북미, 영국, FCI 회원국

수명
12~14년

색상
적색, 밀색, 회색, 검은색에 황갈색

머리
넓고 둥근 두상에 강력하고
비교적 짧은 주둥이

눈
작고 타원형에 짙은 눈동자

귀
적당한 간격을 이루며 경계 시
세움

가슴
넓고 깊음

꼬리
등선과 같은 높이에서 시작하여
곧게 세움

체중
5.5kg

어깨까지 높이
25.5cm

49

보더 테리어BORDER TERRIER

보더 테리어는 작은 몸집에 비해 엄청난 체력을 자랑한다. 비슷한 몸집의 토이 견종들과 전혀 다른 기질을 지니고 있으며 몸도 훨씬 튼튼하다. 이 테리어는 잉글랜드와 스코틀랜드 사이에 위치한 보더 지역에서 탄생해 400년 이상 혈통을 이어온 친구다. 하운드와 함께 달릴 정도로 빠른 녀석으로 혼자서 땅속을 헤집고 다니며 여우를 밖으로 몰아낼 정도로 대담하다.

성격

용감하고 두려움이 없는 보더 테리어는 훈련이 쉽고 다정한 성격을 지니고 있다. 크기에 비해 체력이 굉장히 좋고 강인한 녀석이다.

건강 관리

보더 테리어는 가끔 심실에 구멍이 뚫린 채 태어나는 경우가 있어서 외과적 수술이 필요할 수 있다. 일부 수컷 성견은 한쪽, 혹은 양쪽 고환이 음낭으로 내려오지 못해 세르톨리 세포 종양이 생기기도 한다. 암컷은 출산 때 강아지를 밀어내지 못하는 자궁무력증이 발생하기도 한다.

보호자 팁

하운드 무리와 함께 작업할 용도로 만들어진 보더 테리어는 다른 개들과도 사이좋게 잘 지낸다. 이는 다른 테리어 종과 구분되는 특징이기도 하다.

특징

보더 테리어는 작은 몸집에 비해 다리가 긴 견종이다. 머리 형태는 수달에 비유되곤 한다. 뻣뻣한 겉털에 두터운 속털을 가졌으며 피부는 약간 늘어진 편이다.

분류 Te – 테리어
북미, 영국, FCI 회원국

수명
12〜14년

색상
청색에 황갈색, 밀색, 회색과 황갈색

머리
넓은 두상에 짧은 주둥이

눈
중간 크기에 짙은 녹갈색
눈동자

귀
작은 V자형 귀가 얼굴 측면에 위치

가슴
깊지도 좁지도 않음

꼬리
짧고 점점 가늘어지며 시작
부위가 높지 않음
경계 시 들어올림

체중
수컷 6〜7kg
암컷 5.25〜6.5kg

아이와의 친밀도

털 관리

목이밤

운동량

어깨까지 높이
25.5cm

스코티시 테리어SCOTTISH TERRIER

'스코티'라는 애칭으로 불리는 이 친구는 한번 보면 잊히지 않는 외모와 독특한 걸음걸이가 특징인 테리어다. 등을 쭉 뻗은 자세로 걷는데, 다리는 바닥까지 내려온 털에 가려져 거의 보이지 않는다. 영국 테리어를 통틀어 가장 오래된 견종으로 500년 전부터 있었던 것으로 추정된다. 혼란스럽게도 원래 이름이 스카이 테리어Skye Terrier였지만, 1879년 스코티시 테리어로 최종 공인된다.

성격

의지가 강하고 충성스러운 스코티는 혼자 생활하는 사람에게 훌륭한 반려견이다. 성격이 다정하지만 많이 외향적인 편은 아니다. 완고하고 고집이 센 녀석으로 유명해서 강단 있는 주인과 어울린다.

건강 관리

스코티시 테리어는 짧고 고통 없는 발작이 최대 30초가량 지속되면서 사지와 등, 꼬리가 뻣뻣해지는 '스코티 크램프'라는 유전질환이 발생할 수 있다. 발작이 일어나는 동안 머리를 앞다리 사이로 숙이기도 하지만 금방 정상으로 돌아온다. 치료 시 병세가 호전될 수는 있지만 완치되지 않는다. 피부암에 취약한 견종이기도 하다. 스코티는 청각장애가 나타날 수도 있으므로 개가 소리에 반응하지 않는 것처럼 보이면 즉시 청력 검사를 받아야 한다.

보호자 팁

스코티시 테리어는 어릴 때부터 사회화 훈련을 시켜야 한다. 원래 쥐잡이 개로 키웠기 때문에 목줄을 하지 않으면 작은 동물을 사냥해 오기도 한다.

특징

스코티는 비교적 짧은 몸통과 탄탄한 뒷다리를 가지고 있으며 꼬리는 꼿꼿하게 세운다. 겉털이 단단하고 뻣뻣하지만 속털은 부드럽다.

분류 Te – 테리어
북미, 영국, FCI 회원국

수명
12~14년

색상
검은색, 밀색, 줄무늬

머리
긴 두상과 비슷한 길이의
사각형 주둥이

눈
작고 아몬드형에 짙은 눈동자

귀
쫑긋하고 뾰족한 작은 귀
측면에서 보면 귀의 바깥면이
직선을 형성

가슴
넓고 깊음

꼬리
점점 가늘어짐
길이는 약 18cm

체중
수컷 8.5~10kg
암컷 8~9.5kg

아이와의 친밀도   털 관리   짖음량   운동량

어깨까지 높이
25.5cm

오스트레일리안 테리어AUSTRALIAN TERRIER

이 강인한 소형 테리어는 가장 작은 사역견 중 하나다. 이 친구는 독사를 잡는 개로 일찌 감치 이름을 날렸는데, 뱀을 뒤에서 덮쳐 머리를 무는 방식으로 사냥한다. 토끼와 쥐 등 다 른 테리어들이 주로 사냥하는 동물도 잘 잡는 것으로 알려져 있다. 오스트레일리안 테리어 는 댄디 딘먼트 테리어, 케언 테리어 등 1870년대까지 유럽에서 들어온 다양한 테리어 중 엄선한 견종을 토대로 만들어졌다. 현재는 전 세계로 퍼져나갔지만 역시 고향인 호주에서 가장 많이 볼 수 있다.

성격

몸집은 작아도 당당한 오스트레일리안 테리어는 천성 이 대담하고 호기심이 넘친다. 주인과 강한 유대감을 형성하며 관심받기를 좋아한다. 오감이 잘 발달하여 작은 동물을 사냥하는 능력도 탁월하다.

건강 관리

쥐를 잘 잡는 오스트레일리안 테리어는 쥐가 옮기는 세균성 전염병 '렙토스피라'에 노출되어 생명을 잃을 수도 있으므로 반드시 백신을 접종해야 한다. 이 질병 은 쥐의 오줌과 접촉할 때 전염될 수 있다.

보호자 팁

환절기에 털갈이를 하지 않아서 집안을 깔끔하게 유 지하려는 사람들에게 강력히 추천하는 친구다. 당연히 털 관리도 그다지 필요하지 않다. 가족이든 혼자 지내 는 사람이든 모두와 두루 잘 지내는 견종이며 경비견 의 역할도 잘 수행한다.

특징

옆모습을 보면 이 친구는 신장에 비해 몸통의 길이가 길다. 겉털은 억세고 길이는 6.5㎝ 정도다. 속털은 부드럽고 짧으며 머리털이 길게 자란다.

분류 Te – 테리어
북미, 영국, FCI 회원국

수명
12〜14년

색상
모래색 단색, 적색 단색, 검은색에 황갈색

머리
길고 탄탄한 두상에 강한 주둥이와 같은 길이의 긴 두개골

눈
작은 눈에 적당한 미간 짙은 눈동자

귀
작고 뾰족하며 쫑긋함

가슴
앞다리 무릎까지 내려옴

꼬리
시작 부위가 높고 수직에 가깝게 올림

체중
5.5〜6.5kg

아이와의 친밀도

털 관리

목욕량

운동량

어깨까지 높이
25.5〜28cm

웨스트 하이랜드 화이트 테리어 WEST HIGHLAND WHITE TERRIER

웨스트 하이랜드 화이트 테리어의 탄생에는 슬픈 배경이 있다. 19세기 말 스코틀랜드 폴탈록의 에드워드 말콤 대령이 사냥을 나갔다가 여우인 줄 알고 총을 쏜 동물이 알고 보니 애지중지 키우던 케언 테리어였던 것이다. 이후 그는 털색이 연한 케언 테리어 강아지들을 모아 여우로 착각하지 않을 흰색 품종을 만든다. 이렇게 탄생한 강아지를 처음에는 '폴탈록 테리어 Poltalloch Terrier'로 불렀는데, 나중에 웨스트 하이랜드 화이트 테리어로 불리게 된다. 이 친구는 자기주장이 강한 전형적인 테리어로 몸집이 큰 개들이나 가질 법한 성격을 지니고 있다.

성격

대담하고 기민한 웨스트 하이랜드 화이트 테리어는 자신의 영역을 지키기 위해 두려움 없이 달려드는 녀석이다. 몸집은 작지만 에너지가 넘쳐흘러 다른 강아지들, 특히 같은 종끼리도 싸우려고 달려들 수 있다.

건강 관리

웨스트 하이랜드 화이트 테리어는 피부질환과 여러 가지 유전질환에 취약하다. 식사할 때 통증을 느끼고 열이 난다면 머리턱 골병증의 징후다. 하지만 1살쯤 되면 저절로 치유되는 질병이니 크게 걱정하지 않아도 된다. 그러나 골반이 뻣뻣해지거나 몸을 제대로 가누지 못하는 조정능력을 상실하는 질환 '크라베'도 종종 발견된다.

보호자 팁

단단한 겉털을 가정에서 주기적으로 브러시로 빗어준다면 전문가의 그루밍은 두 달에 한 번 정도로 충분하다. 웨스트 하이랜드 화이트 테리어는 실외에서 게임을 하거나 활기차게 산책하는 것을 좋아하므로 흰 털을 깨끗하게 유지하기 힘들 수도 있다.

특징

웨스티는 몸 전체가 하얗다. 짧은 앞다리는 강하고 쭉 뻗어 있다. 뒷다리 역시 짧지만 허벅지가 대단한 근육질이다. 뒷발이 앞발보다 작다.

분류 Te – 테리어
북미, 영국, FCI 회원국

수명
11～13년

색상
흰색

머리
앞쪽이 둥글게 생긴 넓은
두상에 뭉툭한 주둥이

눈
중간 크기의 아몬드형에 짙은
갈색 눈동자

귀
뾰족한 귀가 머리 바깥쪽에 위치

가슴
앞다리 무릎까지 내려온 깊은 가슴

꼬리
짧고 쭉 뻗은 당근 모양
단단한 털로 덮여 있으며
꼿꼿하게 세움

체중
6.75～10kg

아이와의 친밀도
털 손질
모이량
운동량

어깨까지 높이
25.5～28cm

코통 드 툴레아COTON DE TULEAR

코통 드 툴레아의 기원은 인도양에 위치한 작은 섬 레위니옹이다. 1700년대에 프랑스인들이 이곳에 정착할 때 데려온 작은 비숑 타입 개들이 현지 개들과 교배하면서 탄생했다. 레위니옹에 있던 코통 드 툴레아는 이후 마다가스카르의 항구도시 툴레아로 팔려나가면서 세상에 알려진다. 마다가스카르에서는 부유층만 키웠던 애완견으로 다른 지역에는 알려지지 않다가 20세기 중반에 이르러서야 유럽에 전해지고, 북미는 1974년에 처음 소개되었다.

성격

애완용으로만 키워졌던 코통 드 툴레아는 실내 생활에 잘 적응한다. 차분하며 붙임성이 좋은데다 장난기도 넘친다.

건강 관리

코통 드 툴레아는 대개 건강하지만 유전자 범위가 좁아서 향후 문제가 발생할 가능성을 안고 있다. 발톱은 정기적으로 깎아줄 필요가 있다.

보호자 팁

코통 드 툴레아는 다른 토이 견종처럼 널리 키우는 개가 아닌 탓에 강아지를 분양받으려면 대기 시간이 길고 먼 거리를 이동해야 할 수도 있다.

특징

프랑스어로 솜을 뜻하는 이름, 코통에서 나타나듯이 희고 솜털 같은 털은 질감도 부드럽고 가볍다. 흰색이 대부분이지만 크림색이나 검은색, 무늬가 있는 개체도 없지는 않다. 코통은 머리를 덮는 털이 풍성하여 눈을 덮을 정도다. 코와 발톱은 검은색이다.

분류 T – 토이
FCI 회원국

수명
10~12년

색상
순백색, 두 가지 색(흰색에 크림색, 흰색에 검은색), 세 가지 색
(흰색에 크림색과 베이지색)

머리
몸집에 어울리는 크기로
주둥이보다 김

눈
중간 크기의 비교적 둥근
모양에 짙은 눈동자

귀
폭이 좁은 귀가 머리 양쪽에
붙어서 내려옴

가슴
깊음

꼬리
위로 올림
털만 등에 닿을 정도로
등 위에서 느슨하게 말림

체중
5.5~7kg

아이와의 친밀도

털 관리

먹이양

운동량

어깨까지 높이
25.5~30.5cm

스키퍼키SCHIPPERKE

스키퍼키는 네덜란드 플랑드르 지방에서 운하를 오르내리며 장사를 하던 바지선의 경비견으로 활약하던 녀석이다. 스피츠 타입의 후손으로 추정되지만, 지금은 멸종된 벨기에의 목양견 루베나르Leauvenaar를 소형화한 견종일 가능성도 있다. 1690년 브뤼셀 그랑플라스에서 최초의 스키퍼키 도그쇼가 열렸다. 당시 출연한 스키퍼키들은 저마다 망치로 특별 제작된 황동 목걸이를 착용해 눈길을 끌었는데, 지금도 네덜란드에서는 스키퍼키에게 황동 목걸이를 둘러주는 전통이 남아 있다.

성격

스키퍼키는 호기심이 많고 활발한 친구지만 모르는 사람이 다가오면 망설이지 않고 짖어버리는 기민한 경비견이기도 하다.

건강 관리

스키퍼키는 건강하고 강인한 친구로 장수하는 것으로 특히 유명하다. 속털이 빽빽해 방한성이 좋고 물에 젖더라도 피부 표면까지 스며들지 않아 쉽게 털어낼 수 있다. 쇼독은 털 상태를 매우 중요시하여 겉털과 속털이 확실히 구분되어야 한다.

보호자 팁

태생적으로 에너지가 넘치는 스키퍼키는 아이들과 특히 강한 유대감을 형성하므로 자녀가 있는 가정의 좋은 선택지가 될 수 있다.

특징

색상은 검정이지만 속털이 살짝 옅은 경우가 있고 주둥이 주변은 나이가 들어감에 따라 회색으로 변한다. 선천적으로 꼬리가 없는 경우가 많아 측면에서 보면 사각형에 가까운 것이 특징이다.

분류 NS – 논스포팅
북미, 영국, FCI 회원국

수명
13~16년

색상
검은색

머리
중간 너비의 두상에 점점
뾰족해지는 주둥이

눈
작고 타원형에 짙은 갈색 눈동자

귀
작고 쫑긋한 삼각형 귀가
두개골에서 높은 곳에 위치

가슴
깊고 넓음

꼬리
꼬리가 있는 개체는 몸통
아래로 내림

체중
5.5~7kg

아이와의 친밀도

털 관리

먹이량

운동량

어깨까지 높이
수컷 28~33cm
암컷 25.5~30.5cm

펨브로크 웰시 코기PEMBROKE WELSH CORGI

'코기Corgi'라는 이름은 '지키다'와 '개'를 의미하는 켈트어에서 유래했으며, 자그마치 10세기 기록물에서도 코기와 닮은 개를 언급한 내용을 찾아볼 수 있다. 펨브로크 웰시 코기는 친척뻘인 카디건 코기보다 귀가 작아서 더 여우를 닮아 보이는데, 유서 깊은 웨일스 남부 펨브로크셔에서 탄생했다. 1934년 펨브로크 웰시 코기와 카디건 코기가 별개의 견종의 공인되었을 당시부터 펨브로크 웰시 코기의 숫자가 훨씬 많았다. 엘리자베스 2세가 가장 좋아하는 강아지로, 1933년부터 현재까지 펨브로크 웰시 코기를 여러 마리 키우고 있다.

성격

펨브로크 웰시 코기는 발목을 깨무는 습성이 있는데, 이것은 공격적인 행동이라기보다 본능에 가깝다.

건강 관리

펨브로크 웰시 코기는 유전적으로 경추 디스크가 약하므로 목 부상을 방지하기 위해 꼭 목줄 대신 가슴에 매는 하네스를 착용하고 운동시켜야 한다. 간혹 간질이 발병하는 경우도 있다.

보호자 팁

함께 걷거나 밥을 먹을 때 가끔 코기가 당신의 발목을 깨물려고 안달하는 모습을 볼 수 있다. 또한 산책하면서 다른 개들을 상대로 신경전을 벌일 수도 있음을 알아두자. 그리고 코기는 다른 견종에 비해 난산을 겪을 가능성이 크다.

특징

펨브로크 웰시 코기는 카디건 타입보다 일반적으로 몸통이 더 짧으며 전체적으로 더 작고 가볍다. 색상 범위도 더 제한적이어서 청색 얼룩무늬는 인정되지 않는다. 짧은 다리가 안쪽으로 살짝 휘어진 경우가 종종 있다.

분류 He – 허딩
북미, 영국, FCI 회원국

수명
11~13년

색상
세이블, 옅은 황갈색, 적색,
검은색에 황갈색
흰색 부위가 있기도 함

머리
조금씩 뾰족해지는 주둥이

눈
중간 크기의 타원형

귀
중간 크기의 쫑긋한 귀가 점점 뾰족하게 좁아짐

가슴
깊음

꼬리
짧음

체중
수컷 12.25~13.5kg
암컷 11.5~12.5kg

사람과의 친밀도

털 관리

무어짐

운동량

어깨까지 높이
25.5~30.5cm

포메라니안POMERANIAN

포메라니안은 쫑긋한 귀, 여우를 닮은 얼굴, 등 위에서 앞쪽으로 말린 꼬리 등 조상인 스피츠의 특징을 고스란히 간직하고 있다. 하지만 썰매를 끌었던 대형 스피츠와는 달리 포메라니안은 예나 지금이나 애완용으로 길러지고 있다. 독일 포메른 지방에서 그 이름이 유래했으며 1800년대 영국에서 미텔 스피츠Mittel Spitz를 소형화하여 만들어낸 이후, 빅토리아 여왕이 가장 좋아했던 강아지로 알려져 있다.

성격

활발하고 에너지 넘치는 포메라니안은 친척뻘인 대형 스피츠의 특성도 남아 있지만, 제한적인 공간에서도 반려견으로 잘 지낸다. 천성이 기민하여 경비견으로도 훌륭하다.

건강 관리

안타깝게도 포메라니안은 작은 강아지들에게서 자주 보이는 여러 가지 선천성 질환을 가지고 있는 경우가 많다. 슬개골 탈구도 그중 하나로, 문제가 생긴 강아지는 4~6개월령부터 절뚝거리는 증상이 나타난다. 슬개골 탈구는 한쪽, 혹은 양쪽에서 발생할 수 있으며 수술로 교정해야 하는 경우가 많다. 수술 예후는 대체로 좋은 편이다.

보호자 팁

매일 그루밍을 해 털이 엉키는 것을 방지해야 한다. 날씨가 추울 때 눈물 자국이 생기기 쉽다. 물에 적신 탈지면으로 눈꼬리를 닦아주도록 한다.

특징

포메라니안의 조상은 흰색이었지만 오늘날에는 다양한 색상이 존재한다. 포메라니안은 숱이 많고 부드러운 속털과 길고 곧게 뻗은 억센 겉털이 어우러져 빽빽한 털뭉치처럼 보인다. 가슴에 난 특징적인 장식털은 양쪽 어깨를 감쌀 정도로 풍성하다.

분류 T – 토이
북미, 영국, FCI 회원국

수명
11~13년

색상
제한 없음

머리
마치 여우를 닮은 뾰족한 주둥이

눈
중간 크기에 짙은 눈동자

귀
작고 쫑긋한 귀가 두개골에서 꽤 높은 곳에 위치

가슴
비교적 깊지만 그리 넓지 않음

꼬리
그대로 올려서 등 위에 위치

체중
수컷 1.75~2kg
암컷 2~2.5kg

아이와의 친밀도

털 관리

운동량

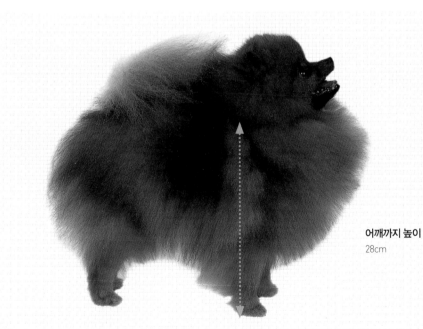

어깨까지 높이
28cm

퍼그 PUG

퍼그는 약 2,000년 전 중국에서 탄생한 것으로 추정된다. 네덜란드에서 먼저 인기를 끌었으며 영국에는 18세기 말에 들어왔다. 퍼그는 원래 옅은 황갈색 바탕에 마스크를 쓴 것처럼 얼굴이 검고 등에 안장 모양 무늬가 있는 개였으며, 인기 많은 검은색 퍼그는 1870년대까지 그 존재가 알려지지 않았다. 얼굴이 마모셋 원숭이를 닮은 탓에 원래 이름은 '원숭이 얼굴을 가진 개'를 뜻하는 퍼그독 Pug Dog 이었다.

성격

퍼그는 모두에게 훌륭한 반려견이다. 다른 강아지들과 잘 지내고 인내심도 많으며 불만스러운 상황에서도 짖거나 하지 않는다. 하지만 훌륭한 경비견이며 주인이 공격을 받으면 지키기 위해 싸우는 용감한 녀석으로 알려져 있다.

건강 관리

퍼그는 눈이 돌출되어 다치기 쉽고 가끔 속눈썹이 안쪽으로 자라 안구에 염증을 일으키기도 한다. 쭈글쭈글한 피부 때문에 감염에 취약할 것처럼 보이지만 실제로는 그렇지 않다. 털 관리는 거의 필요 없다. 다만 더운 날씨에는 열사병 방지를 위해 운동을 피하는 것이 좋다.

보호자 팁

안타깝게도 퍼그는 비만에 취약하므로 식사량을 꼭 필요한 수준으로 조절하고 간식은 당근이나 사과 같은 건강식만 줘야 한다. 정기적인 운동 또한 필수다.

특징

퍼그는 토이 견종 중에서는 덩치가 있는 편에 속하는데, 탄탄한 몸매와 굵고 힘 있는 다리가 두드러진다. 납작하고 주름진 얼굴에는 큼직한 눈이 돌출되어 있다. 귀는 머리 옆으로 늘어져 있고 꼬리는 등 위에 낮게 붙어 앞쪽으로 말려 있다. 퍼그는 옆모습이 사각형에 가까우며 털의 질감은 곱고 부드럽다.

분류 T – 토이
북미, 영국, FCI 회원국

수명
13~15년

색상
은색 혹은 살구빛이 도는 옅은 황갈색 바탕에 검은색, 검은색 단색

머리
큼직하고 둥근 두상에 사각형의 짧은 주둥이

눈
크고 돌출되었으며 짙은 눈동자

귀
작고 얇으며 반쯤 접힌 버튼 귀나 장미 모양의 귀가 선호됨

가슴
넓음

꼬리
단단히 말려있으며 두 번 말린 것을 선호

체중
6.5~8kg

운동량

목욕량

털 관리

아이와의 친밀도

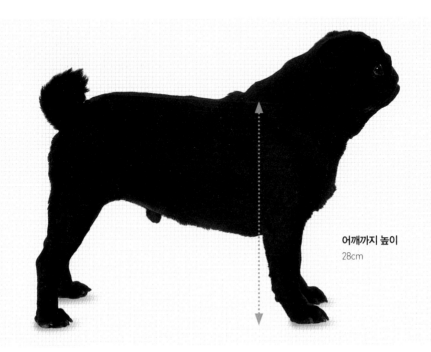

어깨까지 높이
28cm

빠삐용PAPILLON

빠삐용은 티치아노, 고야, 루벤스, 렘브란트 등 수많은 예술가에게 영감을 준 강아지로 유명하다. 무려 500년 전 유럽에서 탄생하였으며 이탈리아 볼로냐에서 만들어졌다. 이후 노새의 등에 실려 루이 14세가 다스리던 프랑스 왕궁에 들어간 빠삐용은 당시 유행하던 애완용 랩독이자 쥐잡이 개로 인기를 끌었다. 놀랍게도 영국과 북미에서는 1900년대 초반까지도 이 친구의 존재가 알려지지 않았다.

성격

붙임성 좋고 매우 다정한 친구다. 차분하고 적응력이 뛰어나며 넓은 들판에서도 도시 내 공원을 산책하듯 발랄하고 우아하게 뛰어다닌다.

건강 관리

콘티넨탈 토이 스패니얼Continental Toy Spaniel이라고도 불리는 빠삐용은 가냘픈 외모와는 달리 튼튼한 녀석이지만 여느 토이 견종처럼 약한 슬개골로 고생할 수 있다. 털이 길지만 두터운 속털이 없어 털 관리는 쉬운 편이다.

보호자 팁

빠삐용은 주인의 환경 변화에도 별문제 없이 잘 적응하므로 혼자 생활하는 사람이나 아이를 키우는 가족 모두에게 잘 맞는 견종이다. 학습 능력도 뛰어나 훈련이 쉬운 편이다.

특징

빠삐용은 프랑스어로 '나비'라는 뜻으로, 치켜세운 큰 귀가 나비를 연상시킨다. 장식털이 달린 귀는 살짝 머리의 측면에 위치해 있다. 털에서 색상이 있는 부분은 반드시 귀 전체를 덮어야 하며 그대로 눈 주변까지 연결되어야 쇼독으로 인정을 받는다.

분류 T – 토이
북미, 영국, FCI 회원국

수명
11~13년

색상
밤색에 흰색, 적색에 흰색, 검은색에 흰색, 검은색에 황갈색과 흰색

머리
정수리가 살짝 둥글며 주둥이 폭이 우아하게 좁아짐

눈
둥글고 두개골 아랫부분에 위치 짙은 눈동자

귀
쫑긋하고 끝이 둥근 큰 귀가 살짝 뒤로 치우친 지점에 위치

가슴
비교적 깊은 가슴과 뼈가 가늘고 쭉 뻗은 앞다리

꼬리
길고 등 위로 높게 올린 꼬리가 장식털을 형성

체중
4.5kg

아이와의 친밀도

털 관리

운동량

짖는 성향

어깨까지 높이
30.5cm

미니어처 핀셔MINIATURE PINSCHER

'미니핀'으로 알려진 이 친구는 짐을 주로 실어나르는 해크니 말처럼 발을 높이 총총거리며 걷는 걸음걸이가 특징이다. 앞다리를 쭉 뻗었다가 바닥에 내딛기 전에 무릎을 굽혀서 껑충거리며 다닌다. 다른 핀셔들과 마찬가지로 고향인 독일에서 인기가 많으며, 1700년대에 탄생한 이후 '츠베르크핀셔Zwergpinscher'라고도 불렸다. 미니어처 핀셔도 원래 쥐나 토끼 같은 작은 동물 사냥용으로 키웠던 만큼, 핀셔라는 명칭은 사실상 테리어와 동일한 의미를 가진다.

성격

미니어처 핀셔는 전혀 소형견 답지 않게 천성이 대담하고 자기 의지를 쉽게 굽히지 않을 뿐만 아니라 위협을 느끼면 자신보다 훨씬 더 큰 강아지와도 용감히 맞서 싸운다. 경비견으로도 훌륭한 녀석이다.

건강 관리

미니어처 핀셔에게서 유전성 질환으로 어깨가 잘 빠지는 경향이 있다. 발병 시 수의사의 조언을 받아 재발 방지에 힘써야 하며, 이 과정에서 수술이 필요할 수도 있다. 그 외에는 연약한 외모와 달리 튼튼한 견종이다.

보호자 팁

산책할 때 문제가 생기지 않도록 주인이 부르면 즉시 돌아오도록 훈련시켜야 한다. 지능이 높고 학습 능력이 뛰어나다. 털 관리는 간단한 편으로 가끔 브러시로 빗어주기만 해도 매끈하고 매력적인 외모를 유지할 수 있다.

특징

짧고 윤기 나는 털 때문에 잘 발달된 근육질 몸매가 더욱 돋보인다. 과거에는 지금보다 몸집이 더 컸다고 한다. 튼튼한 발바닥과 넓고 뭉툭한 발톱을 가져 고양이와 비슷한 발 모양을 하고 있다.

분류 T - 토이
북미, 영국, FCI 회원국

수명
11~13년

색상
적색 단색, 초콜릿색에 적색, 검은색에 적색

머리
살짝 길어 보이는 두상

눈
원형에 가까운 타원형에 짙은 눈동자

귀
작고 쫑긋한 귀가 두개골에서 높은 곳에 위치

가슴
꽉 차고 비교적 넓음

꼬리
등선이 연장되며 시작 부위가 비교적 높음

체중
5.5kg

아이와의 친밀도

털 관리

몸이량

운동량

어깨까지 높이
25.5~31.5cm

카디건 웰시 코기CARDIGAN WELSH CORGI

유서 깊은 웨일스 지방에서 그 이름이 유래한 카디건 웰시 코기는 더 인지도가 높은 펨브로크 웰시 코기와 별개의 품종으로 본다. 카디건 타입은 웨일스 지방에 출현한 지 천 년이 넘은 것으로 추정된다. 이들의 조상은 명확하지 않지만 생김새가 비슷한 스웨디시 발훈트 Swedish Vallhund와 연결고리가 있을 것으로 추정된다. 코기는 다리가 짧아 소를 잘 모는 견종이다. 이동이 굼뜬 소의 발뒤꿈치를 깨물어 소가 계속 움직이도록 유도하면서도 소의 발에 차일 위험은 낮다.

성격

튼튼하고 강인한 이 친구는 대단히 지배 성향이 크고 에너지가 넘친다. 절대로 애완용 강아지로만 생각해서는 안 된다.

건강 관리

카디건 웰시 코기는 눈에 진행성망막위축증이라는 유전질환이 발생할 수 있다. 진행성망막위축증은 실명으로 이어질 수도 있으므로 잘 관찰해야 한다. 빽빽한 속털이 빠지는 봄철에는 털 관리에 신경을 써야 한다.

보호자 팁

농장에서 일하던 강아지로 발목을 깨물고 싶어 하는 본능을 간직하고 있으므로 강아지 때부터 최대한 억제시켜야 한다. 이런 버릇 때문에 어린 자녀가 있는 가정에는 적합하지 않다.

특징

카디건 웰시 코기는 친척인 펨브로크 웰시 코기보다 몸집이 더 크고 길다. 웨일스어로 '1야드 개'라고도 불리는데, 이는 카디건 웰시 코기의 콧등에서 꼬리 끝까지의 길이를 지칭한다. 또 카디건 타입의 귀가 펨브로크 웰시 코기보다 더 크고 둥글다.

분류 He - 허딩
북미, 영국, FCI 회원국

수명
11~13년

색상
세이블, 줄무늬에 적색
드물게 보이는 청색 얼룩무늬, 또는
검은색에는 적갈색이나 줄무늬
포인트가 있을 수 있음

머리
정수리가 편평하고 주둥이가
머리보다 짧음

눈
중간 크기 혹은 큰 눈
미간이 넓음

귀
크고 돌출되었으며 귀 끝이 둥긂

가슴
두껍고 중간 너비인 가슴으로
흉골이 확연함

꼬리
시작 부위가 낮고 아래로 내림
절대로 등 위로 올리지 않음

체중
11.5~15.5kg

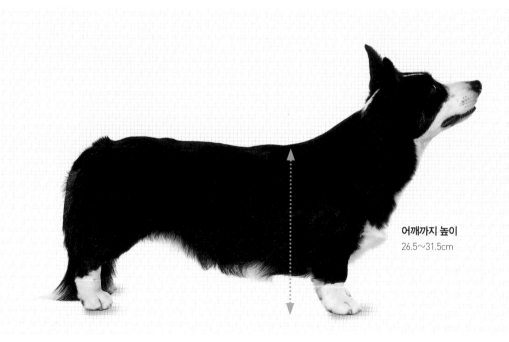

어깨까지 높이
26.5~31.5cm

차이니즈 크레스티드CHINESE CRESTED

독특한 외모의 소유자 차이니즈 크레스티드는 털이 없는 헤어리스Hairless와 몸 전체에 털이
난 파우더퍼프Powderpuff 두 가지 타입이 존재하는데, 한배에서 양쪽 모두가 나올 수도 있
다. 차이니즈 크레스티드는 1800년대 후반 미국에서 벌레스크 댄서로 유명했던 집시 로즈
리Gypsy Rose Lee가 헤어리스 타입을 키우면서 대중에게 인지도가 높아졌다.

성격

장난기 넘치는 기질에 매력적인 성격이 어우러져 털
없는 개에게 거부감을 느끼는 사람들의 마음조차 사
로잡을 정도다. 차이니즈 크레스티드는 활발하고 두뇌
회전이 좋으며 걸음걸이가 빠르다.

건강 관리

유전적으로 털이 없는 개는 일반적으로 치아 숫자도
부족한 모습을 보이는데, 헤어리스 타입은 작은 어금
니가 없는 경우가 많다. 파우더퍼프 타입은 대개 치아
를 모두 갖추고 있다. 헤어리스 타입은 털이 없으므로
벼룩이 꼬이지 않고 쓰다듬을 때 피부의 온기가 그대
로 느껴진다.

보호자 팁

헤어리스 타입은 더위와 추위에 모두 취약하므로 보호
수단이 필요하다. 춥거나 비가 내리는 날에는 방한복이
나 스웨터를 준비해야 한다. 맑은 날에는 햇볕에 피부가
상하기 쉽다. 암으로 발전되지 않도록 피부 중 색소가
없는 부위를 중심으로 전용 선크림을 발라줘야 한다.

특징

이름은 헤어리스지만 머리와 꼬리에 털이 있고 다리 아래쪽과 발에도 양말처럼 털이 나 있다. 머리에 난 장식털을 '크레스트'라고 부르고 꼬리에 난 장식털은 '플룸'이라고 한다. 반면 파우더퍼프 타입은 길고 부드러운 질감을 자랑하는 이중모가 제대로 덮여 있다.

분류 T – 토이
북미, 영국, FCI 회원국

수명
10~12년

색상
제한 없음

머리
균형 잡힌 두상

눈
아몬드형이며 미간이 넓음

귀
크고 쫑긋하며 눈과 같은 높이에 위치

가슴
두껍지만 가슴뼈가 돌출되지 않음

꼬리
가는 꼬리가 점점 짧아지면서 휘어져 뒷무릎 관절에 닿음 꼿꼿하게 세움

체중
최대 5.5kg

아이와의 친밀도

털 관리

짖음

운동량

어깨까지 높이
28~33cm

캐벌리어 킹 찰스 스패니얼 CAVALIER KING CHARLES SPANIEL

토이 견종 중 손꼽히는 인기를 자랑하는 이 친구는 킹 찰스 스패니얼과 가까운 혈통이지만 얼굴형이 더 길고 몸집이 작다는 점에서 구분된다. 두 견종의 조상은 모두 17세기 후반 잉글랜드 왕 찰스 2세가 다스리던 궁중에 기원했다. 다만 세월이 흐르고 인위적인 번식을 거치면서 원래보다 얼굴이 훨씬 더 납작하게 변모했다.

성격

캐벌리어 킹 찰스 스패니얼은 붙임성 있고 적응력이 좋다. 몸집이 큰 다른 스패니얼에 비해 운동 능력은 떨어지지만 어릴 때부터 함께 게임을 하며 놀아준다면 장난기 넘치는 면모를 보여줄 것이다.

건강 관리

이 친구는 식탐이 강해 비만이 되기 쉽다. 당뇨병에 걸릴 확률도 함께 올라간다. 비단결처럼 흘러내리는 털은 정기적으로 그루밍을 해줘야 한다.

보호자 팁

간식을 활용해서 훈련을 시키면 체중이 쉽게 늘어날 수 있으므로 당근이나 사과처럼 건강에 좋은 먹이를 활용하는 것이 좋다. 비만은 당뇨병 외에도 심장질환의 위험성을 높일 수 있다. 노령견일 때 특히 주의해야 한다.

특징

캐벌리어 킹 찰스 스패니얼은 킹 찰스 스패니얼King Charles Spaniel보다 조금 더 작게 만들어진 견종이다. 주둥이는 캐벌리어 쪽이 더 길어 전체적인 얼굴 형태가 더 크다. 두 견종 모두 색상 범위는 동일하다.

분류 T – 토이
북미, 영국, FCI 회원국

수명
10~12년

색상
밤색에 흰색, 검은색에 황갈색, 적색, 세 가지 색 혼합

머리
정수리가 비교적 편평하고 주둥이는 점점 뾰족해짐

눈
크고 둥근 모양에 짙은 눈동자

귀
두개골에서 높은 곳에 위치한 귀가 머리 양쪽으로 길게 늘어짐

가슴
중간 크기

꼬리
몸통 대비 균형 잡힌 꼬리를 주로 아래로 내림

체중
5.5~8kg

아이와의 친밀도

털 관리

모이량

운동량

어깨까지 높이
30.5cm

프렌치 불독 FRENCH BULLDOG

이 작고 귀여운 친구는 박쥐를 닮은 독특한 귀 덕분에 쉽게 알아볼 수 있다. 19세기 중반 잉글랜드 여러 공업도시에서 '토이 불독Toy Bulldog'이라는 품종이 만들어졌다. 토이 불독은 일자리를 잃은 레이스 직공들이 프랑스 북부 지역으로 넘어갈 때 함께 이동해 현지에서 다른 테리어와 교배되어 특유의 쫑긋한 귀를 갖게 되었다. 프렌치 불독은 파리에서 점점 유행하게 되었고 곧 세계적으로 유명해졌다. 특히 북미에서 인기가 높다.

성격

프렌치 불독은 붙임성이 좋고 활동적이며 훈련이 쉬운, 훌륭한 반려견이다. '프렌치'라는 애칭으로도 알려진 이 친구는 기민한 경비견이지만 천성이 시끄럽거나 쉽게 흥분하지 않는다.

건강 관리

프렌치 불독은 때때로 척추 기형을 안고 태어나지만 증상이 바로 나타나지 않는 경우도 있다. 가끔 유전성 혈우병이 발생하기도 한다. 또 배에 가스가 차기 쉬운 편이다. 털은 최소한의 그루밍만으로도 충분하다.

보호자 팁

매력적인 반려견으로 자녀가 있는 가정과 혼자 지내는 사람 모두에게 잘 어울린다. 큰 사각형 두상을 가진 견종들이 공통적으로 갖고 있는 위험을 프렌치 불독도 갖고 있다. 자연분만이 어려워 제왕절개로 낳아야 하는 경우가 있다.

특징

정수리가 평평하고 이마는 살짝 둥근 형태다. 위로 솟아오른 귀는 두개골 위쪽에 위치한다. 가슴이 넓으며 작은 덩치에도 불구하고 앞다리가 쭉 뻗어 있고 근육이 잘 발달해 있다. 짧은 꼬리는 얼핏 말린 것처럼 보이지만 실제로 휘어진 것은 아니다.

분류 NS – 논스포팅
북미, 영국, FCI 회원국

수명
10~12년

색상
검은색 단색을 제외한 대부분 색상 가능

머리
귀 사이가 편평하고 주둥이는 넓고 두꺼움

눈
중간 크기의 둥근 모양이며 미간이 넓음
귀로부터 상당히 멀리 위치

귀
특징적인 박쥐 모양의 귀가 두개골에서 높은 곳에 위치
귀뿌리가 넓고 끝은 둥근 형태

가슴
깊고 넓음

꼬리
시작 부위가 낮음
짧고 점점 가늘어짐

체중
최대 12.5kg

아이와의 친밀도

털 관리

목욕량

운동량

어깨까지 높이
30.5cm

미니어처 슈나우저MINIATURE SCHNAUZER

원래 쥐를 잡기 위해 키우던 미니어처 슈나우저는 테리어 그룹 내 다른 개들과는 근본이 달라 사냥감을 잡기 위해 땅을 헤집고 다니지 않는다. 미니어처 타입은 슈나우저 강아지 중 작은 녀석들만 인위적으로 선별해서 교배 및 발전을 거듭한 결과 탄생한 것이다. 1800년대 후반 미니어처 슈나우저는 아펜핀셔Affenpinscher와 교배하면서 크기가 더욱 작아졌다.

성격

활발하고 장난기 넘치며 기민한 미니어처 슈나우저는 훈련이 크게 어렵지 않다. 아이들과도 잘 지내고 일부 예민한 테리어들과는 달리 다른 개도 친근하게 받아들인다.

건강 관리

소형화 과정을 거쳤음에도 불구하고 대체로 건강한 편이다. 선천적으로 폐동맥이 협소한 경우가 있다. 관련 증상으로 숨을 헐떡이거나 체력이 급격히 떨어지는데 가급적 수술을 받는 것이 좋다. 해당 질환은 슈나우저에게서 물려받은 것으로 여겨진다.

보호자 팁

슈나우저 특유의 외모를 유지하려면 스트리핑 기법으로 털을 뜯어내야 하므로 그루밍에 손이 많이 간다. 털을 단순히 잘라내면 여러 색이 섞인 겉털 특유의 느낌이 사라지고 속털이 그대로 보이므로 전문가의 손길이 필요하다. 전문적인 그루밍을 받는 비용도 슈나우저를 키운다면 감당해야 할 부분이다. 짖는 소리가 훨씬 큰 개처럼 들려 경비견으로도 훌륭하다.

특징

미니어처 슈나우저는 털 한 가닥 한 가닥이 옅은 색과 진한 색이 함께 섞여 있는 형태로 독특한 털 색상을 연출한다. 이 견종은 뒷다리를 굽히는 각도가 커 뒷무릎 관절이 꼬리보다 더 뒤쪽에 위치할 정도로 뒷다리를 빼는 경향이 있다.

분류 Te – 테리어
북미, 영국, FCI 회원국

수명
12~14년

색상
솔트앤페퍼. 검은색에 은색. 검은색

머리
사각형 두상에 강하고 뭉툭한 주둥이

눈
작은 크기에 짙은 갈색 눈동자

귀
작은 V자형 귀가 두개골에서 높은 곳에 위치하고 머리 위에서 자연스럽게 접힘

가슴
중간 크기

꼬리
시작 부위가 높음
꼿꼿하게 세움

체중
6~6.75kg

아이와의 친밀도

털 관리

운동량

짖음정도

어깨까지 높이
30.5~35.5cm

불독 BULLDOG

백 년 전만 해도 그림 속 불독은 복서를 닮은 모습으로 지금보다 훨씬 큰 견종으로 묘사되었다. 그만큼 불독은 외모가 드라마틱하게 변화한 녀석이다. 원래 불독은 황소와의 불 베이팅(소를 말뚝에 묶어두고 개를 풀어 공격하게 했던 놀이)을 위해 개량된 종이라 강한 턱으로 황소의 머리를 덮쳐 물고 늘어지곤 했다. 1835년 불 베이팅이 금지되면서 불독의 크기는 훨씬 작아졌고, 일찌감치 도그쇼에서 공인된 최초의 견종들 중 하나가 되었다.

성격

오늘날 불독은 품위 넘치고 얌전한 친구다. 외모처럼 감정 표현을 잘하지 않는 성격이지만 충성스럽고 다정한 반려견이다. 불독은 그다지 넓은 공간을 바라지 않으며 다른 동물과도 잘 지낸다.

건강 관리

불독은 심장과 척추에 영향을 주는 여러 가지 유전질환이 갖고 있으므로 건강 상태를 잘 확인해야 한다. 강아지를 집에 들이면 빠른 시일 내에 수의사에게 검진을 받는 것이 좋다. 암컷의 경우 강아지의 큰 머리 때문에 출산이 힘들어 제왕절개가 필요한 상황이 자주 발생한다. 털은 짧고 매끈하며 윤기가 흘러 그루밍은 거의 필요하지 않다.

보호자 팁

눈이 자극을 받고 있거나 얼굴 주름에 감염 증상이 없는지 잘 살펴야 한다. 열사병에 걸리기 쉬운데, 특히 심장이 약한 개체라면 심각한 상황을 초래할 수도 있으니 더운 날에는 가급적 운동을 피해야 한다.

특징

넓고 거대한 두상과 들창코, 힘센 턱이 이 녀석의 과거를 짐작케 한다. 강한 어깨와 연결된 다리는 짧고 탄탄하게 휘어져 있다. 오늘날 불독은 독특한 외모와 특유의 뒤뚱거리는 걸음걸이 때문에 반려견으로 인기가 높다.

분류 NS – 논스포팅
북미, 영국, FCI 회원국

수명
8~10년

색상
줄무늬, 얼룩덜룩한 색, 흰색, 적색,
옅은 황갈색, 회갈색

머리
대단히 큰 두상에 아래턱이
돌출된 짧은 주둥이

눈
살짝 아래에 위치하며 둥근 모양

귀
장미 모양 귀가 두개골
높은 곳에 위치

가슴
깊고 넓음

꼬리
짧고 점점 가늘어지는 꼬리가
아래로 늘어짐

체중
수컷 22.5kg
암컷 18kg

아이와의 친밀도

털 관리

목욕량

운동량

어깨까지 높이
30.5~35.5cm

글렌 오브 이말 테리어GLEN OF IMAAL TERRIER

고대부터 이어져 내려온 글렌 오브 이말 테리어는 1933년 아이리시 켄넬 클럽에서 공인되었지만 20세기 후반에 국제적인 인지도를 얻으면서 2004년에야 비로소 아메리칸 켄넬 클럽의 공인을 받았다. '글렌 오브 이말'이라는 이름은 이 친구가 탄생한 아일랜드 위클로 지역에서 유래했음을 나타내는 것으로 400년이 넘는 세월 동안 놀라울 정도로 원형을 그대로 보존하고 있다. 글렌 오브 이말 테리어는 아일랜드 고유종의 후손이지만 일부 바셋 타입과 교배되었을 가능성도 있다. 글렌 오브 이말 테리어는 투견, 오소리 사냥개 등 다양한 역할을 수행했다. 과거와 달라진 환경 때문에 역할은 변했지만 다정한 성격만은 변함이 없다.

성격

여느 테리어들과 달리 글렌 오브 이말 테리어는 조용한 성격이다. 반면 운동 능력은 뛰어나 하운드처럼 빨리 달릴 수도 있다. 어느 집에서나 반려견으로 손색이 없다.

건강 관리

글렌 오브 이말 테리어는 건강하고 강인하다. 선천적으로 앞발이 살짝 옆으로 돌아간 탓에 발톱이 균일하지 않게 마모될 수 있으니 적절히 잘라줘야 한다.

보호자 팁

테리어의 공통된 문제지만 사회화를 잘 시키는 것이 중요하다. 핸드스트리핑이나 발톱 관리를 전문가에게 맡기는 비용이 들어갈 수 있다.

특징

몸통이 길고 지면에 가까운 글렌 오브 이말 테리어는 억센 방한성 겉털 아래로 부드러운 속털을 가지고 있다. 밀색이 많지만 크림색에서 적색 음영이 들어간 경우도 있다. 앞발은 자연적으로 바깥쪽을 향하고 있다.

분류 Te – 테리어
북미, 영국, FCI 회원국

수명
12~14년

색상
밀색, 청색, 줄무늬

머리
튼튼한 두상에 강력한 주둥이

눈
중간 크기의 둥근 모양에 적당한 미간, 눈동자는 갈색

귀
작고 귀 사이 간격이 넓음
경계 시 귀가 장미 모양이나 반쯤 선 모양이 됨

가슴
넓고 깊은 탄탄한 가슴이 앞다리 무릎 아래까지 내려옴

꼬리
튼튼한 꼬리를 등 높이보다 위로 올림

체중
16kg

아이와의 친밀도

털 관리

모이량

운동량

어깨까지 높이
31.5~35.5cm

파슨 러셀 테리어PARSON RUSSELL TERRIER

파슨 러셀 테리어는 원래 사역견으로 키워졌던 탓에 그동안 외모를 정식으로 표준화하려는 시도가 없었다. 하지만 매력적이라 영국 출신의 테리어 중에서 가장 인기 있는 친구다. 파슨 러셀 테리어라는 이름은 1800년대 중반 잉글랜드 남서부 지방에서 파슨 잭 러셀Parson Jack Russell이라는 사람이 처음 만들어낸 것에서 유래되었다. 폭스 테리어를 기반으로 만들어졌으며, 처음에는 여우사냥을 할 때 여우를 땅굴에서 몰아내는 역할을 했던 친구다.

성격

대담하고 활발하며 잘 흥분하기도 하지만 강한 사냥 본능을 간직하고 있다. 파슨 러셀 테리어는 인내심이 그다지 많지 않아서 불만이 있으면 간혹 발목을 깨무는 방식으로 표현하기도 한다. 그래서 어린 자녀가 있는 가정에는 적합하지 않다.

건강 관리

파슨 러셀 테리어는 자신보다 훨씬 큰 폭스테리어와 함께 달려도 뒤처지지 않을 만큼 뛰어난 운동 능력을 가지고 있다. 특히 땅파기와 점프 능력이 뛰어난 '탈출의 달인'이기 때문에 마당이 충분히 안전한지 꼭 확인해야 한다.

보호자 팁

파슨 러셀 테리어는 토끼굴 등 땅굴에 쉽게 헤집고 들어갈 수 있다. 개가 시야에서 사라지면 곧바로 사고를 칠 우려가 있으므로 잘 지켜봐야 한다. 이 친구가 땅속에 파고들었다가 몸이 걸리기라도 하면 안전하게 끌어내기 어렵기 때문이다.

특징

파슨 러셀 테리어는 다른 일반적인 잭 러셀 테리어보다 눈에 띄게 크지만, 그 밖에 특징은 대체로 유사하다. 털은 러프 타입과 스무스 타입 두 가지가 존재한다. 가슴이 작은 덕분에 땅속으로 쉽게 파고들 수 있다.

분류 Te – 테리어
북미, 영국, FCI 회원국

수명
12~14년

색상
흰색에 검은색, 황갈색에 흰색, 세 가지 색 혼합

머리
편평한 두상에 직사각형의 강한 주둥이

눈
중간 크기에 짙은 눈동자

귀
작은 V자형 귀가 정수리 근처에서 접힘

가슴
좁지만 꽤 깊어 운동 능력이 좋음

꼬리
시작 부위가 높지 않아 등선과 비슷
높게 올림

체중
6~7.75kg

아이와의 친밀도

털 관리

목욕량

운동량

어깨까지 높이
수컷 35.5cm
암컷 33cm

비글BEAGLE

비글은 에너지 넘치고 쾌활한 성격을 지닌 명랑한 반려견이다. 엄청난 체력의 소유자로 길게 산책하기를 좋아한다. 비글은 원래 사냥꾼들 앞에서 무리 지어 토끼를 잡는 사냥개로 만들어졌다. 비글의 기원은 정확히 알려지지 않았지만 400년 전에도 존재했던 견종이다. 미국에는 1860년대에 처음 소개되어 인기를 끌기 시작했다. 성격도 좋아서 다른 개들과도 잘 지낸다.

성격

활발하고 붙임성이 좋은 비글은 훌륭한 반려견이지만, 간혹 기다리라거나 돌아오라는 주인의 명령을 무시하고 특정 냄새의 흔적을 쫓아가기도 한다. 이 점을 제외하면 비글은 이상적인 반려견이다.

건강 관리

비글은 비만으로 당뇨나 심장질환까지 다양한 합병증이 생길 수 있다. 일부 혈통은 간질에 취약하지만 1살령 이하일 때는 발작이 거의 발생하지 않는다. 이 증상은 세심한 수의학적 관리와 약물치료로 안정시킬 수 있다.

보호자 팁

몸집이 작다고 쉽게 보면 큰 오산이다. 비글은 매일 마음껏 달리기를 시켜줘야 할 만큼 충분한 운동이 필요하다. 지루함을 느끼거나 운동이 부족할 경우 비글은 집안 기물을 파괴하는 등 말썽을 부린다. 다른 하운드 종과 마찬가지로 운동 선택지가 제한적인 도시 지역에서는 잘 지내지 못한다. 그러나 매우 다정한 성격을 갖고 있어서 가족 구성원들과 강한 유대감을 형성한다.

특징

이 견종은 쭉 뻗은 다리와 매력적인 갈색 눈을 가지고 있다. 비글의 색상은 바셋 하운드와 동일하며 개체별로 무늬가 확연히 다르다. 털 자체는 억세고 짧아 관리가 쉽다.

분류 H – 하운드
북미, 영국, FCI 회원국

수명
10~12년

색상
주로 두 가지 또는 세 가지 색 혼합

머리
비교적 길고 살짝 반구형

눈
큰 눈에 적당한 미간

귀
넓은 모양의 귀가 비교적
두개골에서 낮은 곳에 위치

가슴
깊고 넓음

꼬리
시작 부위가 비교적 높지만 짧고
살짝 휘어진 꼬리

체중
8~13.5kg

아이와의 친밀도

털 관리

목욕량

활동량

어깨까지 높이
33~38cm

이탈리안 그레이하운드ITALIAN GREYHOUND

그레이하운드의 미니어처 버전으로 만들어진 이탈리안 그레이하운드는 사냥용이 아닌 오 롯이 애완용으로 개량된 견종으로, 초창기 품종개량의 몇 안 되는 성공작이다. 고대 이집트 파라오의 무덤에서 이탈리안 그레이하운드와 유사하게 생긴 미라가 발견되기도 했다. 이후 에도 이 친구는 유럽의 여러 나라의 궁중에서 부인들의 애완견으로 인기를 누렸다.

성격

이탈리안 그레이하운드는 처음 보는 사람이 있으면 낯 을 가리고 긴장하지만 어린 시절부터 사회화를 거치면 이런 기질을 줄일 수 있다. 이탈리안 그레이하운드는 얌전하고 믿음직스러운 반려견이다.

건강 관리

인위적인 소형화를 거친 다른 견종들과 마찬가지로, 이 탈리안 그레이하운드도 19세기 후반에 위기를 겪는다. 현재는 브리딩에 주의를 기울인 덕분에 다시 튼튼한 견 종으로 거듭났다. 이탈리안 그레이하운드는 평지에서 빨리 달리는 것을 좋아하므로 충분히 뛰어놀 수 있는 탁 트인 장소를 확보하는 것이 좋다.

보호자 팁

이탈리안 그레이하운드는 추위를 잘 타고 물에 젖는 것을 싫어한다. 궂은 날씨에는 외투를 입혀 몸을 보호 하는 것이 좋다. 속털이 없어 최소한의 그루밍으로도 충분하지만 방한 능력이 떨어져 비바람을 맞으면 많이 힘들어한다. 이탈리안 그레이하운드는 대형 그레이하 운드와 달리 앞발을 높이 드는 독특한 걸음걸이를 가 지고 있다.

특징

그레이하운드와 마찬가지로 이탈리안 그레이하운드도 아치형의 깊은 흉곽이 뒤로 갈수록 잘록하게 떨어지는 덕분에 가는 다리로 빠르게 질주할 수 있다. 털은 얇고 짧으며 살짝 윤기가 돈다. 가슴팍에 흰색 무늬 혹은 미간에 흰 줄무늬가 보이는 경우가 종종 있다.

분류 T – 토이
북미, 영국, FCI 회원국

수명
11~13년

색상
대부분의 색상 허용

머리
납작 편평하고 긴 두상에 뾰족한 주둥이

눈
비교적 크며 눈동자 색이 밝음

귀
부드럽고 장모 모양인 귀가 두개골에서 뒤쪽에 위치

가슴
좁고 깊음

꼬리
가늘고 비교적 긴 꼬리를 아래로 내림

체중
3.5kg

아이와의 친밀도

털 관리

모이랑

운동량

어깨까지 높이
33~38cm

세틀랜드 쉽독 SHETLAND SHEEPDOG

흔히 '셸티'라고 불리는 이 목양견은 스코틀랜드 북서부에 위치한 세틀랜드 제도에서 탄생했다. 세틀랜드 쉽독의 기원이 명확하지는 않지만, 영국 본토에서 탄생한 러프 콜리와 관련이 있을 것으로 예상한다. 크기는 러프 콜리보다 작지만 생김새가 매우 비슷하기 때문이다.

성격

셸티는 주인에게 충성스럽고 다정하며 붙임성 있는 성격이지만, 기민한 경비견이라서 모르는 사람에게는 경계심을 풀지 않는다. 셸티는 학습 능력이 매우 뛰어난 친구다.

건강 관리

세틀랜드 쉽독은 엉덩이 관절의 선천성 기형이 원인인 고관절이형성증이 오기 쉽다. 또한 셸티는 진행성망막위축증 등 여러 가지 눈 질환에도 취약하기 때문에 강아지를 입양하기 전에 관련 사항들을 잘 확인해야 한다.

보호자 팁

매력적인 외모를 유지하고 털 엉킴을 방지하기 위해 세심하고 정기적인 털 관리가 꼭 필요하다. 민첩하고 점프력이 좋아서 마당에서 키울 경우, 제대로 된 울타리를 설치해야 한다. 주니어 핸들링이나 어질리티 대회 입문용 개를 찾는다면 셸티는 탁월한 선택이다.

특징

얼굴털이 짧고 귀 뒤에서 머리를 둘러싸는 것처럼 보이는 갈기털은 동절기에 가장 풍성해진다. 세이블은 금빛에서 적갈색까지 넓은 색 범위를 자랑한다. 셀티 중 일부 개체는 특이하게 파란색, 흰색 홍채를 가지며 이를 '월 아이wall eye'라고 한다.

분류 He – 허딩
북미, 영국, FCI 회원국

수명
11〜14년

색상
세이블, 청색 얼룩무늬, 검은색에 흰색·황갈색 무늬

머리
뭉툭한 쐐기를 닮은 두상은 귀에서 코까지 점점 좁아짐

눈
중간 크기에 홍채가 검은색과 흰색 비슷하게 기울어진 눈

귀
경계 시 귀를 크게 세움
휴식 시 반으로 접힘

가슴
깊고 두꺼워 앞다리 무릎까지 내려옴

꼬리
휴식 시 아래로 쭉 늘어지거나 살짝 휘어져 내려감
절대로 등 위에서 말리지 않음

체중
6.5〜7kg

아이와의 친밀도

털 갈림

목욕량

운동량

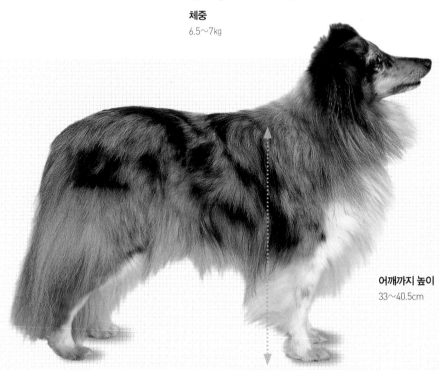

어깨까지 높이
33〜40.5cm

티베탄 테리어TIBETAN TERRIER

테리어라는 이름이 붙었지만, 티베탄 테리어는 사냥견이 아닌 목양견이며, 고향에서는 아직도 본래의 역할을 충실히 수행하고 있다. 티베탄 테리어는 유명하지 않은 것이 이상할 정도로 너무나도 멋진 반려견이다. 티베탄 테리어는 1895년까지 서양에 존재 자체도 알려지지 않았으며 기원에 대해서도 거의 알려진 바가 없다. 양들이 털을 깎는 하절기에 티베탄 테리어도 털을 깎아 양털과 함께 옷감을 만드는 재료로 쓰였다.

성격

이 친구는 다정하고 눈치가 빨라 반응성이 좋다. 티베탄 테리어는 미친개로부터 주인을 구하려다가 대신 큰 부상을 입었다는 일화가 있을 정도로 충성스러운 녀석이다.

건강 관리

타고난 건강과 기질은 과거 티벳에서부터 이어져 내려오는 이 친구의 중요한 특징이다. 고향의 가혹한 기후에 단련된 탓인지 티베탄 테리어는 아무리 춥거나 더워도 좋은 컨디션을 유지하는 놀라운 모습을 보여준다.

보호자 팁

강아지는 털이 훨씬 짧은 단일모라 성견보다 털의 질감이 훨씬 더 부드러운 편이다.

특징

티베탄 테리어는 올드 잉글리시 쉽독과 일부 닮은 느낌이 있어서 미니어처 올드 잉글리시 쉽독으로 오해를 받았다. 이 녀석은 풍성한 이중모를 가진 덕분에 살을 에는 고향의 추위 속에서도 야외에서 생활할 수 있다. 풍성한 속털은 더운 공기를 신체 표면에 붙잡아두기 용이하며, 고운 겉털은 살짝 곱슬거린다.

분류 NS – 논스포팅
북미, 영국, FCI 회원국

수명
11~13년
색상
제한 없음

머리
중간 길이의 두상

눈
크고 미간이 넓음
짙은 눈동자

귀
V자형 귀가 머리 양쪽으로 가볍게 늘어짐

가슴
중간 정도의 너비

꼬리
시작 부위가 높고 등 위에서 말림
장식털이 많음

체중
9~13.5kg

아이와의 친밀도

털 관리

모이

활동량

어깨까지 높이
수컷 35.5~40.5cm
암컷 33~35.5cm

시바 이누SHIBA INU

시바 이누는 고향인 일본에서 가장 흔한 고유종으로 과거 잡목이 울창한 지형에서 새를 사냥했다는 의미로 '브러시우드 독Brushwood Dog'으로 불리기도 했다. 하지만 오늘날 시바 이누는 순수하게 반려견으로 큰 인기를 누리고 있다. 시바 이누는 일본에서 2,500년 이상 살아왔다. 2세기경 외국에서 들어온 개들과 교배하고 스피츠와 흡사한 외모를 갖게 되었으며, 이후 지금까지 생김새의 변화가 거의 없다.

성격

매우 기민하고 지능이 높은 시바 이누는 좋은 반려견이다. 세계적으로 숫자가 급격히 늘어나고 있는 점만 봐도 이 친구의 인기를 실감할 수 있다. 시바 이누는 인간과 함께 살아온 역사가 긴 만큼 반응성이 좋다.

건강 관리

유전적으로 건강한 견종이지만 여느 개들과 마찬가지로 제때 백신을 접종하는 것이 중요하다. 시바 이누는 다른 견종들보다 디스템퍼(강아지 홍역) 바이러스에 취약하다. 제2차 세계대전 직후 일본에서 유행했던 디스템퍼 때문에 시바 이누가 거의 절멸하다시피 한 적이 있다.

보호자 팁

보호 본능을 타고난 시바 이누는 좋은 경비견이다. 짖는 소리가 특이하여 평범한 울음소리가 아닌 비명을 지르는 것처럼 들린다. 사냥 본능이 강해서 훈련을 제대로 시킬 필요가 있다.

특징

시바 이누는 일본 고유종 중 가장 작으며 이름 자체가 '작은 개'라는 뜻이다. 전제적인 생김새는 귀가 앞으로 기울어져 기민한 느낌을 주며 따뜻한 외모를 지니고 있다. 억센 겉털과 빽빽한 속털로 이루어져 추위에 강하다. 전반적으로 털이 짧은데 휘어진 꼬리에 난 털이 가장 길다.

분류 NS – 논스포팅
북미, 영국, FCI 회원국

수명
11~13년

색상
적색, 검은색, 참깨색(적색이지만 털 끝자락이 검은색)
속털 포함 몸에 색이 옅은 부위가 있음

머리
넓은 이마에 둥근 주둥이

눈
움푹 들어가고 짙은 눈동자

귀
쫑긋한 삼각형
귀 사이 간격이 적당함

가슴
깊음

꼬리
위쪽으로 올려 등 위에 위치
꼬리는 말리거나 낫 모양 형성

체중
수컷 10.5kg
암컷 7.75kg

아이와의 친밀도

털 관리

목욕량

운동량

어깨까지 높이
수컷 37~42cm
암컷 34~39cm

바셋 하운드 BASSET HOUND

'바셋'이라고 칭하는 다양한 하운드 중에서 가장 유명한 녀석은 단연 바셋 하운드다. 바셋이라는 이름은 이 친구의 짧은 다리를 일컫는 프랑스어 'bas'에서 유래했다. 오늘날 바셋 하운드의 조상은 1866년에 잉글랜드에서 프랑스로 건너간 견종이다. 바셋 하운드는 블러드하운드와 교배되어 더 뛰어난 후각 능력과 탄탄한 몸매, 긴 두상을 가진 현재의 모습으로 변모했다.

성격

붙임성 좋고 활기가 넘치는 견종인 바셋 하운드는 사냥감의 냄새를 탐지했을 때, 주인에게 짖어서 알리는 소리baying call가 일품이다. 훈련이 쉽다고는 할 수 없는 견종이지만 천성이 매우 다정하다.

건강 관리

강아지는 복강 장기 중 일부가 빠져나오는 서혜부탈장에 취약하다. 태어나자마자 경추 3번 기형으로 척수를 압박하는 경우가 있는데 수술로 교정해야 한다. 눈꺼풀이 바깥쪽으로 말리는 안검외반이 생길 수도 있다. 털이 짧은 덕분에 그루밍은 거의 필요 없다.

보호자 팁

바셋 하운드는 산책 중에 어떤 냄새를 맡으면 경로에서 벗어날 수 있음에 유의하자. 사회성이 좋아서 여러 마리를 함께 키울 때도 서로 사이좋게 잘 지낸다. 그런데 이 친구는 식탐이 많아 비만이 되기 쉬우니 주의해야 한다.

특징

반구형 두상과 처진 귀, 유난히 주름진 다리가 바셋 하운드의 특징이다. 다리에 비해 발은 상당히 크다. 또 꼬리가 길어서 깊은 덤불에서도 눈에 잘 띈다.

분류 H – 하운드
북미, 영국, FCI 회원국

수명
10~12년

색상
하운드에서 나타나는
모든 색상 가능
주로 두 가지 또는 세 가지 색 혼합

머리
큰 반구형 두상

눈
살짝 오목하게 들어가 있어서
각막을 보호하는 순막이 드러남
슬픈 인상을 주는 갈색 눈동자

귀
긴 귀가 두개골 뒤편 낮은 곳에
위치

가슴
길고 넓은 흉곽

꼬리
위쪽으로 휘어짐

체중
22.5kg

아이와의 친밀도

털 관리

목욕량

운동량

어깨까지 높이
35.5cm

아메리칸 코커 스패니얼AMERICAN COCKER SPANIEL

아메리칸 코커 스패니얼은 1870년대 북미에서 새 사냥용으로 들여온 잉글리시 코커 스패니얼이 흔해진 이후, 점점 더 조상보다 빠르고 작은 형태로 발전해 지금 모습에 이르렀다. 미국에서 단순히 코커 스패니얼이라고 하면 아메리칸 코커스패니얼을 지칭한다. 스포팅 용도로 발전한 스패니얼 중 현재 가장 작은 견종이며, 덤불에서 새를 몰아내거나 육지와 물에서 모두 사냥감을 물어올 수 있다.

성격

성격이 원만하고 의욕 넘치는 아메리칸 코커 스패니얼은 지칠 줄 모르는 체력과 재능이 넘치는 반려견이다. 다정한 성격으로 가까운 사람들과 긴밀한 유대감을 형성하며 가정에서도 잘 지낸다.

건강 관리

안타깝게도 아메리칸 코커 스패니얼의 인기가 높아질수록 건강함과 기질은 불안정해졌다. 최소 25가지 이상의 선천성, 혹은 유전성 질환이 확인되었다. 혈통이 좋은 개체라면 그나마 이런 유전성 질환으로 고통을 덜 받을 가능성이 높다. 아메리칸 코커 스패니얼을 반려동물로 맞이한다면 꼭 수의사에게 검진을 받아봐야 한다.

보호자 팁

길게 늘어진 귀에 난 털이 감염에 취약하므로 매일 털관리가 필수다. 개가 귀를 반복적으로 긁기 시작하면 즉시 수의사의 도움을 받아야 한다.

특징

아메리칸 코커 스패니얼은 잉글리시 코커 스패니얼에 비해 더 작고 가벼운 몸집과 훨씬 긴 털 때문에 확연하게 구분된다. 옆모습을 보면 등이 더 짧고, 반구형 머리에 주둥이도 뭉툭하다.

분류 S – 스포팅
북미, 영국, FCI 회원국

수명
10~12년

색상
모든 단색 가능
황갈색 포인트 가능
혼재된 색이나 얼룩무늬 가능

머리
둥근 두상에 넓고 두꺼운 주둥이와 사각형 턱

눈
둥근 형태로 똑바로 전방을 응시

귀
장식털이 달린 긴 귀가 두개골에서 낮은 곳에 위치

가슴
깊고 앞다리 무릎까지 내려옴

꼬리
등선과 비슷한 높이에 위치

체중
11~12.5kg

아이와의 친밀도

털 관리

운동량

어깨까지 높이
수컷 38cm
암컷 35.5cm

스태포드셔 불 테리어STAFFORDSHIRE BULL TERRIER

원래 투견용으로 만들어졌던 스태포드셔 불 테리어는 사람과 잘 어울리는 훌륭한 반려동물이지만, 다른 개와 함께 있을 때는 문제를 일으킬 우려가 있다. 불독과 블랙 앤 탄 테리어를 교배시켜 탄생한 견종으로 불 테리어와 조상이 같다고 볼 수 있다. 불 테리어는 이후 다른 종과 더 교배되면서 두상이 드라마틱하게 변모한 반면, 스태포드셔 불 테리어는 원래 두상과 마스티프 종으로부터 물려받은 넓은 턱을 그대로 간직하고 있다. 불 테리어와 스태포드셔 불 테리어를 구분하기 위해 한쪽에는 1935년 처음 공인될 당시 특히 인기가 높았던 녀석에게 잉글랜드의 주 이름을 붙였다.

성격

지능이 높고 헌신적이며 끈기 있는 스태포드셔 불 테리어는 충성심이 강하고 가족에게는 장난기 넘치는 친구지만, 외출 시 다른 개들과 마주치면 마찰을 일으킬 수도 있다.

건강 관리

수컷 스태포드셔 불 테리어는 공격 성향을 줄이기 위해 반드시 중성화시켜야 한다. 백내장이 발생할 수도 있다. 털 관리는 최소한의 손질만으로도 충분하다.

보호자 팁

개는 기르는 사람의 책임이라는 사실을 언제나 기억해야 한다. 산책할 때 특히 주의를 기울여야 한다. 다른 개에게 공격적으로 대한다면 입마개를 하거나 다른 개들을 만나지 않을 만한 시간대를 골라 산책해야 한다. 운동이 부족하면 살이 쉽게 찌는 체질이니 체중 관리에 유의한다.

특징

짧은 털, 두툼한 몸, 엄청난 근육질 외형이 두드러진다. 스태포드셔 불 테리어는 강하고 쭉 뻗은 앞다리에 힘이 넘치는 두꺼운 뒷다리를 가지고 있다.

분류 Te – 테리어
북미, 영국, FCI 회원국

수명
11~13년

색상
옅은 황갈색, 적색, 검은색, 청색, 줄무늬
흰색 무늬 가능

머리
짧고 넓은 두상에 강력하고 넓은 주둥이

눈
중간 크기에 둥근 모양

귀
장미 모양 귀 또는 작고 반쯤 선 귀

가슴
넓음

꼬리
시작 부분이 낮고 아래로 내림
중간 길이

체중
수컷 12.5~17kg
암컷 11~15.5kg

아이와의 친밀도

털 관리

운동량

어깨까지 높이
35.5~40.5cm

와이어 폭스 테리어WIRE FOX TERRIER

예전에는 와이어 폭스 테리어와 스무스 폭스 테리어를 같은 종으로 보았지만, 지금은 별개의 품종으로 본다. 둘은 매우 비슷한 기질과 모습을 가지고 있다. 와이어 타입과 스무스타입이 조금씩 가까워지기는 했지만, 원래 와이어 폭스 테리어는 블랙 앤 탄 테리어에서 파생된 견종이라고 할 수 있다. 반복적으로 교배가 이루어지면서 두 폭스 테리어는 사실상털만 다른 타입이 되었으며, 현재는 와이어 폭스 테리어가 더 많아지는 추세다.

성격

와이어 폭스 테리어는 기민하고 독립적인 성향을 가지고 있어 상황에 따라 제멋대로 행동할 수 있다. 경비견으로서 훌륭한 능력을 가지고 있지만 작은 기척에도 짖어 시끄러울 수 있다.

건강 관리

폭스 테리어는 두 타입 모두 다른 견종에 비해 평균보다 선천적인 청각장애를 앓는 빈도가 높다. 목 부근이 부어오른다면 갑상선종이라는 갑상선 질환의 증상일 수 있으니 유의해야 한다.

보호자 팁

와이어 폭스 테리어는 땅파기를 매우 좋아하므로 마당에서 키운다면 울타리를 잘 둘러쳐야 한다. 또 빠르고 민첩해서 쥐잡기와 같은 놀이에 능하고 아주 좋아한다. 특유의 매력적인 외모를 유지하려면 털 관리에 전문가의 손길이 필요하다.

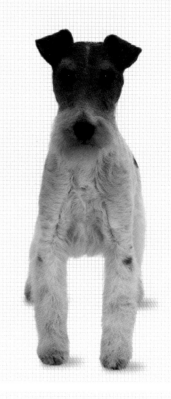

특징

빽빽하고 거친 겉털 아래에 부드러운 속털이 자리 잡고 있다. 대개 등과 몸통 측면의 털이 더 길다. 쇼독의 경우 털이 꼬이는 것은 괜찮지만 곱슬한 털은 허용되지 않는다. 머리 길이는 수컷의 경우 18~18.5cm 범위에 들어야만 하고 암컷은 조금 더 짧다.

분류 Te – 테리어
북미, 영국, FCI 회원국

수명
11~13년

색상
흰색에 일부 부위가 황갈색 또는 검은색

머리
정수리가 거의 편평하며 주둥이가 큼

눈
작고 미간이 넓은 편은 아님

귀
간격이 그리 넓지 않은 작은 귀

가슴
깊지만 그리 넓지 않음

꼬리
시작 부위가 높음
튼튼한 꼬리를 꼿꼿이 세움

체중
7.25~8kg

아이와의 친밀도

털 관리

먹이량

운동량

어깨까지 높이
수컷 39cm
암컷 37cm

잉글리시 토이 테리어 ENGLISH TOY TERRIER

맨체스터 테리어Manchester Terrier는 두 가지 크기가 존재하는데, 이 가운데 작은 쪽을 흔히 잉글리시 토이 테리어라고 한다. 과거에는 맨체스터 테리어와 잉글리시 토이 테리어를 같은 범주에 넣었지만 지금은 별개의 품종으로 본다. 맨체스터가 고향인 이들 테리어는 19세기에 인기가 높아지기 시작했는데, 곧 더 작은 맨체스터 테리어 키우기가 유행하기 시작했다. 작은 맨체스터 테리어는 보기와는 달리 쥐 잡는 능력이 탁월했다. 당시 돈을 거는 쥐잡기 대회가 빈번하게 열렸는데, 가장 이름을 날렸던 '타이니 더 원더Tiny the Wonder'라는 쥐잡이 개는 1848년에 2.5kg에 불과한 작은 몸으로 3시간 만에 300마리를 쥐를 잡은 것으로 유명했다.

성격

활발하고 충성스러운 이 토이 타입의 맨체스터 테리어는 테리어의 전형적인 성격을 지녔지만 다른 큰 개들과도 잘 지내는 편이다.

건강 관리

미니어처가 유행처럼 번지는 바람에 견종의 전반적인 건강 상태는 악화되었다. 맨체스터 테리어 중 더 작고 약한 녀석들끼리 교배시켜 탄생한 친구들이니 당연한 결과였다. 결국 토이 타입은 1900년대 초반부터 점점 개체수가 줄어들어 희귀해졌다. 하지만 이후 많은 노력을 기울인 덕분에 현재 잉글리시 토이 테리어는 전반적으로 건강하다. 오늘날 이 친구들이 겪는 건강 문제는 피부와 눈 질환이 대부분이다.

보호자 팁

그루밍이 거의 필요하지 않으며 자기주장이 강한 성격이라 적절한 훈련이 필요하다.

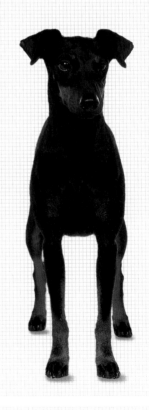

특징

토이 타입은 촛불 모양의 쫑긋한 귀만 인정
되지만 스탠다드 타입은 반쯤 접힌 버튼 귀
도 무방하다.

분류 T – 토이
북미, 영국, FCI 회원국

수명
10~12년

색상
검은색과 황갈색이 명확하게 구분됨

머리
길고 뾰족한 두상

눈
아몬드형, 거의 검은색에 가까운
반짝이는 눈동자

귀
뿌리 쪽이 넓고 끝으로 갈수록
점점 뾰족한 귀가 두개골에서
높은 곳에 위치
쫑긋하거나 반쯤 접힌 버튼 귀
모두 가능

가슴
앞다리 무릎 근처까지 내려온 가슴

꼬리
점점 가늘어짐
위쪽으로 살짝 휘어짐

체중
4.5~10kg

아이와의 친밀도
털 관리
목욕량
운동량

어깨까지 높이
38cm

스무스 폭스 테리어SMOOTH FOX TERRIER

스무스 폭스 테리어는 땅속 여우굴로 들어가 여우를 땅 위로 끌어내는 역할을 주로 했다. 불 테리어, 비글, 그레이하운드를 비롯한 여러 견종들이 스무스 폭스 테리어의 탄생에 영향을 미쳤지만, 그중에서도 블랙 앤 탄 테리어의 역할이 가장 중요했다. 스무스 폭스 테리어는 20세기에 접어들면서 영국에서 가장 인기 있는 강아지가 되었지만 얼마 지나지 않아 거짓말처럼 인기가 사그라든다.

성격

개체수 감소는 스무스 폭스 테리어의 기질이 직접적인 원인이 되었다. 스무스 폭스 테리어는 워낙 독립적인 성향이 강해서 훈련이 쉽지 않다. 활발한 성격의 반려동물이지만 성격상 잘 문다.

건강 관리

치아 결손 등 여러 가지 유전질환이 있는 것으로 알려져 있다. 열성 유전되는 운동실조도 그중 하나로 2~6개월령 강아지에서 증상이 나타나기 시작한다. 이 질환은 척수에 변성이 일어나 개가 걸을 수 없게 된다. 안타깝게도 치료법이 없다.

보호자 팁

스무스 폭스 테리어는 독립적인 성향을 가진 친구라서 산책 시 자신의 의지대로 다니길 좋아한다. 땅굴이 있을 만한 환경이라면 테리어가 땅속으로 들어가지 않도록 특히 주의를 기울여야 한다. 위치추적 목걸이를 걸어주면 강아지가 사라지더라도 쉽게 찾을 수 있다.

특징

흰색 털의 비중이 높아 땅속에서 갑자기 튀어나와도 여우와 헷갈리지 않는다. 매끈하고 착 가라앉은 털은 비교적 질감이 단단하다.

분류 Te – 테리어
북미, 영국, FCI 회원국

수명
11〜13년

색상
주로 흰색
검은색이나 황갈색 부위는 털
질감이 다름

머리
눈 사이에서 폭이 좁은 두상
점점 뾰족해지는 주둥이

귀
작은 V자형 귀가 볼 쪽으로
늘어짐

눈
크기가 작고 거의 원형에 짙은
눈동자

가슴
깊지만 그리 넓지 않음

꼬리
시작 부위가 높은 튼튼한 꼬리

체중
8〜9kg

털 관리

운동량

어깨까지 높이
38〜39cm

109

웰시 테리어 WELSH TERRIER

웰시 테리어는 친근한 성격에도 불구하고 별로 인기가 없는 견종이다. 작은 에어데일 테리어가 연상되는 웰시 테리어는 다른 강아지들과도 잘 지내는 편이다. 또한 테리어 중 가장 훈련이 쉬운 편에 속한다. 블랙 앤 탄 테리어의 후손으로 볼 수 있는 웰시 테리어는 18세기 무렵부터 웨일스에서 키워졌다. 이후 교배가 이루어진 레이크랜드 테리어Lakeland Terrier와 에어데일 테리어도 웰시 테리어의 현재 모습에 일부 영향을 미쳤다. 웰시 테리어 역시 땅속으로 들어가 여우 등의 사냥감을 몰아냈던 녀석이다.

성격

활발하고 대담한 성격을 타고난 웰시 테리어는 자기주장이 강한 다른 테리어들과 달리, 성격이 원만한 친구다. 그래서인지 다른 개들과도 사이좋게 잘 지낸다.

건강 관리

웰시 테리어는 강인하고 건강한 견종이지만 렙토스피라 백신을 정기적으로 접종해야 한다. 쥐가 옮기는 이 질병은 감염될 경우 간과 신장이 망가져 죽음에 이를 수 있다. 사람에게도 옮길 수 있으니 주의해야 한다.

보호자 팁

웰시 테리어는 장난기가 많고 술래잡기나 장난감 물어오기를 매우 좋아한다. 1년에 2회 정도 핸드스트리핑이나 트리밍이 필요하며, 거칠고 뻣뻣한 털은 브러시로 빗어 깔끔하게 유지하는 것이 좋다.

특징

원래 이름은 '웰시 블랙 앤 탄 러프 코티드 테리어Welsh Black and Tan Rough-coated Terrier'로 목에서 시작된 검은 털이 꼬리까지 등 전체를 뒤엎어 재킷을 입은 듯한 무늬를 연출한다. 하지만 일부 개체에서는 검은색 대신 청회색이 뒤섞인 경우가 있다.

분류 Te – 테리어
북미, 영국, FCI 회원국

수명
11~13년

색상
검은색에 황갈색, 뒤섞인 색에 황갈색

머리
직사각형 두상에 주둥이 길이는 머리의 약 절반

눈
작은 크기에 움푹 들어감 갈색 눈동자

귀
작은 V자형 귀가 머리 바로 위에서 접힘

가슴
중간 정도의 너비에 두꺼운 가슴

꼬리
시작 부위가 높고 꼿꼿이 세움

체중
9kg

아이와의 친밀도

털 관리

목욕량

운동량

어깨까지 높이
수컷 38~39cm
암컷 작음

보스턴 테리어 BOSTON TERRIER

보스턴 테리어는 영국의 항구도시 리버풀에서 태어난, '저지Judge'라는 이름의 개로부터 시작되었다. 저지는 잉글리시 불독English Bulldog과 잉글리시 화이트 테리어English White Terrier 사이에서 태어났으며 1870년대 초반 보스턴으로 넘어갔다고 한다. 저지 외에도 보스턴 테리어가 만들어지는 과정에 복서와 불 테리어의 피가 섞이게 된다. 처음에는 투견용이었던 보스턴 테리어가 1890년대에 도그쇼에 데뷔한 이후 서서히 주목을 받다가 1950년대에는 북미에서 가장 인기 있는 견종이 된다.

성격

태생은 전투적이었지만 오늘날 보스턴 테리어는 다른 개에게 공격적인 모습을 보이지 않는다. 지능이 높고 반응성이 좋은, 훌륭한 반려동물이다.

건강 관리

강아지의 큰 머리가 출산 시 어미의 산도에 끼어 제왕절개가 필요한 경우가 종종 발생한다. 또한 유전적인 원인으로 입천장이 갈라지는 구개열이나 입술이 갈라지는 구순열, 그 외 각종 심장질환이 보스턴 테리어에게 나타날 수 있다. 털이 짧아서 털 관리는 간단하다.

보호자 팁

귀가 얇고 눈이 돌출되어 쉽게 다칠 수 있으므로 개가 덤불 속으로 뛰어들지 못하게 해야 한다.

특징

주름이 없는 넓은 사각형 두상 위로 귀가 꼿꼿하게 돌출된 생김새. 전통적인 털 색상은 저지와 동일하게 줄무늬에 흰색이지만 현재 더 넓은 색상 범위까지 인정하고 있다. 보스턴 테리어는 튼튼한 다리에 다부진 체격을 지녀 걷는 모습에 한 치의 흔들림도 없다.

분류 NS – 논스포팅
북미, 영국, FCI 회원국

수명
9~11년

색상
검은색, 줄무늬, 검은색에 적색빛
상기 색상에 흰색 무늬

머리
정수리가 편평한 사각형 두상에
사각형의 짧은 주둥이

눈
크고 둥근 모양

귀
작고 쫑긋함

가슴
넓고 깊음

꼬리
시작 부위가 낮음
짧은 꼬리가 점점 가늘어지지만
수평 위치 이상 올리지 않음

체중
7kg 이하에서 11.5kg 이상까지
다양하며 체급을 나눠 구분

아이와의 친밀도

털 관리

운동량

어깨까지 높이
38~43cm

스탠다드 푸들STANDARD POODLE

푸들은 크기에 따라 3가지 타입이 존재하는데, 그중 스탠다드 푸들은 15세기부터 존재했을 정도로 가장 역사가 깊다. 푸들이란 이름은 '첨벙거리다'라는 의미를 가진 독일어 'pudel'에서 유래했다. 스탠다드 푸들은 원래 총 맞은 물새를 호수나 강에서 물어오는 역할을 했는데, 이후 서커스에서 재주를 부리는 개로 인기를 끌었다.

성격

장난기 넘치고 반응성이 좋은 푸들은 훌륭한 반려동물이다. 지금도 기회만 된다면 기꺼이 물속으로 뛰어든다. 훈련이 쉽고 활동적인 성격에 장난감을 물고 오는 놀이를 좋아한다.

건강 관리

스탠다드 푸들은 건강한 견종으로 작은 타입보다 전반적으로 튼튼하고 유전질환도 거의 없다. 양쪽 아래 눈꺼풀의 안쪽으로 열려있는 눈물샘의 배출이 원활하지 않을 경우 눈꼬리에 눈물 자국이 잘 생긴다. 일부 혈통에서 간질을 앓기도 한다.

보호자 팁

양을 닮은 스포팅 클립으로 그루밍하고 꼬리에 폼폼을 만들어주면 관리가 편하다. 푸들은 털이 빠지지 않아 집안을 깔끔하게 유지하고 싶은 사람들에게 적합하다.

특징

전통적인 미용법이 50가지가 넘을 정도로
다양하다. 장식이 화려해 보이는 쇼클립도
실용성에 기반을 둔 것으로, 개가 헤엄칠 때
몸을 따뜻하게 하면서도 털이 물을 머금는
부위를 줄여 물속에서 몸을 가볍게 하는 기
능이 있다. 다리 아래쪽에 팔찌처럼 털을 남
겨두는 이유는 류머티즘을 예방하기 위해서
다. 꼬리의 폼폼은 물속에 들어간 개의 위치
를 알려준다.

분류 NS – 논스포팅
북미, 영국, FCI 회원국

수명
11~13년

색상
흰색, 크림색, 살구색, 청색, 검은색
등 단색

머리
길고 섬세하며 비교적 폭이 좁은
두상

눈
아몬드형에 짙은 눈동자

귀
길고 넓은 귀가 두개골에서 낮은
곳, 얼굴 측면과 가까이 위치

가슴
깊고 넓음

꼬리
시작 부위가 높고 뿌리가 두꺼움
꼬리가 몸통으로부터 멀리 위치

체중
20.5~32kg

아이와의 친밀도

털 관리

운동량

어깨까지 높이
38cm

잉글리시 코커 스패니얼ENGLISH COCKER SPANIEL

잉글리시 코커 스패니얼은 쇼독과 반려견으로 모두 인기가 높으며 필드 트라이얼 대회에서
도 능력을 발휘한다. 잉글리시 코커 스패니얼은 코커 스패니얼과 스프링거 스패니얼을 조
상으로 둔 견종이다. 원래 두 타입 모두 랜드 스패니얼Land Spaniel로 불렸으나 점차 잉글리
시 코커 스패니얼의 크기가 작아져 별개의 품종으로 갈라지게 된다.

성격

붙임성과 반응성이 좋은 잉글리시 코커 스패니얼은 언
제나 활발하고 열정이 넘친다. 지능이 높아 훈련이 쉽
고 주인을 기쁘게 하길 좋아해서 칭찬에 잘 반응한다.

건강 관리

일반적으로 온순하지만 가끔 단색 잉글리시 코커 스패
니얼에서 일명 '분노증후군'이라고 하는 특이한 유전
질환이 나타난다. 해당 질환에 걸린 개는 순간적으로
이유 없이 공격적으로 돌변했다가 곧 원래의 유순한
상태로 돌아온다.

보호자 팁

잉글리시 코커 스패니얼은 에너지가 넘쳐서 어느 정
도 나이가 있는 자녀가 있는 가정에 좋은 선택지이다.
그런데 잉글리시 코커 스패니얼은 자신에게 많은 관
심을 보이며 함께 놀아주지 않으면 지루함을 느끼고
집안 기물을 파괴할 수도 있다. 또 털 관리에 손이 많
이 간다.

특징

잉글리시 코커 스패니얼은 아메리칸 코커 스패니얼과 별개의 품종이다. 두 견종 모두 크고 덩치가 있는 편이지만 잉글리시 코커 스패니얼이 더 힘세고 강한 인상을 준다. 특출나게 빠르진 않지만 강한 뒷다리로 크게 힘들이지 않고 잘 움직인다. 꼬리는 일반적으로 수평을 유지하지만 흥분할 경우 살짝 올리기도 한다.

분류 S – 스포팅
북미, 영국, FCI 회원국

수명
10～12년

색상
단색은 적색, 적갈색, 검은색이 나타남
혼재된 색을 포함해 얼룩무늬,
황갈색 허용

머리
전체적으로 아치형이지만
정수리가 편평함

눈
살짝 타원형 눈에 적당한 미간

귀
긴 귀가 두개골에서 낮은 곳,
얼굴 측면과 가까이 위치

가슴
깊음

꼬리
수평 유지하며 작업 시 끊임없이
흔드는 꼬리

체중
수컷 12.5～15.5kg
암컷 11.75～14.5kg

아이와의 친밀도

털 갈이

모양손

운동량

어깨까지 높이
수컷 40.5～43cm
암컷 38～40.5cm

바센지BASENJI

이 색다른 친구는 중앙아프리카에서 유래했으며 수백 년 동안 사냥개로 키워졌다. 바센지는 높은 지능에 반응성이 매우 좋고 충성스럽다. 바센지가 보여주는 여러 가지 특이한 모습 중 하나는 고양이를 연상시키는 독특한 행위다. 바센지는 스스로 그루밍을 하는데 많은 시간은 할애하고 높은 곳을 가볍게 올라가며 오랜 시간 멍하니 창밖을 내다보기도 한다. 1895년 처음 영국으로 건너온 바센지 한 쌍은 디스템퍼로 죽고 말았다. 1937년 다시 영국으로 들여온 후 미국으로도 넘어갔지만 안타깝게도 또 다시 디스템퍼를 이겨내지 못해 모두 죽고 단 한 마리만 살아남는다. 이런 시련을 이겨내고 오랜 시간이 지나 서양에서도 바센지의 혈통이 이어지게 된다.

성격

언제나 기민한 바센지는 사람들과 유대감을 잘 형성한다. 가족 구성원들에게 붙임성 있는 모습을 보이지만 처음 보는 사람에게는 살갑게 굴지 않는다. 바센지는 짖지 않는 대신 으르렁거리는 소리를 잘 내는데, 흥분했을 때나 놀이를 할 때 요들 같은 특이한 울음소리를 낸다.

건강 관리

아프리카를 처음 벗어난 바센지는 자연 면역이 형성되지 않았던 탓에 각종 질병에 시달려야 했다. 현재도 바센지는 면역력 유지가 관건이다. 강아지는 배꼽 탈장이 없는지 확인해야 하며 특정 혈통의 노령견에서 소화불량에 취약한 경우가 있다.

보호자 팁

다른 대부분의 강아지들은 발정기가 1년에 2번 오지만 바센지는 1번이다.

특징

주름진 이마 때문에 근심이 많아 보이는 인상이다. 바센지는 적도 가까운 지역 출신이라 짧고 고운 털을 가지고 있다. 이 하운드 종은 가슴, 몸통 아래, 꼬리 끝에 흰색 무늬가 있으며 미간에 흰 줄무늬가 나 있는 경우가 많다.

분류 H – 하운드
북미, 영국, FCI 회원국

수명
11~13년

색상
검은색 또는 적색 바탕에 흰색 무늬
줄무늬와 세 가지 색 혼합도 가능

머리
비교적 짧은 주둥이

눈
짙은 갈색에서 녹갈색 눈동자

귀
작고 쫑긋한 귀가 정수리 쪽을 향함

가슴
중간 정도의 너비

꼬리
전방으로 굽은 꼬리가 한쪽으로 말림

체중
수컷 10kg
암컷 9kg

아이와의 친밀도

털 관리

운동량

활동량

어깨까지 높이
수컷 43cm
암컷 40.5cm

케이스혼드 KEESHOND

네덜란드를 대표하는 강아지로, 전통적으로 운하의 바지선에서 지내며 적재된 화물을 지키는 역할을 수행해왔기에 지금도 '더치 바지 독Dutch Barge Dog'으로 불린다. 케이스혼드라는 이름은 네덜란드 오라네 왕가를 상대로 반란을 일으킨 코르넬리스 드 가이슬러Cornelis de Gijselaar의 별명 '케이스Kees'에서 유래한 것으로 추정된다. 평민의 이익을 대변했던 드 가이슬러는 케이스혼드를 반란군의 마스코트로 삼았는데 반란이 진압되면서 케이스혼드의 인기도 한동안 떨어졌다.

성격

지능이 높고 주의력이 강한 케이스혼드는 충성스러운 반려견이지만 다소 소란스럽고 에너지가 넘친다. 하지만 붙임성이 매우 좋고 실내에서도 잘 지내서 반려견으로 훌륭하다.

건강 관리

유전적으로 심장 질환이 종종 발생하는데, 특히 승모판에 이상이 생길 수 있다. 또한 유전성 간질이 발병할 가능성도 있는데 3년령 이하의 개체에서는 증상이 나타나지 않을 수 있다. 치료법은 지속적인 약물복용이 일반적이다.

보호자 팁

정기적인 털 관리가 필요하며 두터운 동절기 털이 빠지는 봄에는 그루밍이 필수다. 풍성한 털을 좋아한다면 강아지 성별을 정할 때 갈기털이 더 두드러지는 수컷으로 선택하도록 한다. 특징적인 음영 무늬는 나이가 들면서 점점 더 진해진다.

특징

케이스혼드는 전형적인 스피츠 타입 견종으로 늑대가 연상되는 특유의 털색을 가졌다. 케이스혼드는 그 기원이 명확하게 밝혀져 있지 않다. 뾰족한 주둥이는 비교적 짧은 털로 덮여 있고 쫑긋한 귀에서 이 개의 기민한 성격을 엿볼 수 있다. 털은 눕지 않고 뻗쳐 있으며 목 주변을 두르고 있는 갈기털은 색상이 더 연하다.

분류 NS – 논스포팅
북미, 영국, FCI 회원국

수명
10~12년

색상
옅은 색에서 짙은 색까지 다양하며
검은색에 은색이 가장 흔함

머리
비율 좋은 두상에 중간 길이의
주둥이

눈
아몬드형에 짙은 갈색 눈동자

귀
쫑긋한 삼각형 귀가 두개골에서
높은 곳에 위치

가슴
탄탄하고 깊은 가슴

꼬리
위쪽으로 말려 등 위에 위치

체중
25~30kg

아이와의 친밀도

털 관리

운동량

어깨까지 높이
수컷 45.5cm
암컷 43cm

노르위전 버훈드NORWEGIAN BUHUND

버훈드는 노르웨이에서 1,000년 넘게 이어져 내려오는 견종이지만 1970년에 이후에야 세계적으로 널리 알려진다. 고대 아이슬란드 개의 후손인 버훈드는 전통적으로 양을 몰던 개였다. 버훈드라는 특이한 이름은 여름철 목동들이 짓는 임시 거처를 의미하는 'bu'와 개를 의미하는 'hund'를 합친 단어다. 겨울이 되면, 노르위전 버훈드는 썰매개와 사냥개로도 활약했다.

성격

노르위전 버훈드는 지능이 높고 적응력이 좋다. 또 낯선 사람이 나타나면 기민하게 반응해서 경비견으로도 훌륭하다. 에너지가 넘치고 활발하기 때문에 충분한 운동이 필요하다.

건강 관리

털 관리에 그다지 신경을 쓰지 않아도 되지만 두터운 동절기 털이 빠지는 봄에는 그루밍에 시간을 할애해야 한다. 고관절이형성증이 올 수 있으므로 해당 질환으로부터 자유로운 집단으로부터 강아지를 들여와야 한다.

보호자 팁

노르위전 버훈드는 훈련이 쉽지만 한 명만 주인으로 섬기는 습성 때문에 가급적 가족 구성원 모두가 돌보면서 친해져야 한다. 노르위전 버훈드는 강한 목양 본능을 가지고 있으므로 주변에 양이나 다른 가축이 있다면 꼭 목줄을 착용해야 한다.

특징

노르위전 버훈드는 지금도 아이슬란드 조상과 닮은 면이 많이 남아 있다. 전형적인 스피츠처럼 솟아오른 귀는 비바람에 열을 뺏기지 않기 위해 빽빽한 속털과 거친 질감의 겉털이 감싸고 있다.

분류 He – 허딩
북미, 영국, FCI 회원국

수명
11~13년

색상
밀색, 검은색

머리
넓고 쐐기 모양인 두상에
주둥이는 점점 뾰족해짐

눈
아몬드형에 짙은 눈동자

귀
크고 끝이 둥근 귀가 두개골
뒤편에 위치

가슴
깊고 탄탄한 가슴

꼬리
털이 복슬복슬하고 시작 위치가
높음
등 위에서 앞쪽으로 말리다가
옆으로 떨어짐

체중
24~26kg

아이와의 친밀도

털 관리

모이량

운동량

어깨까지 높이
43~45.5cm

소프트 코티드 휘튼 테리어SOFT COATED WHEATEN TERRIER

원래 아이리시 휘튼 테리어Irish Wheaten Terrier로 불리던 이 친구는 매우 다재다능한 면모를 자랑한다. 사냥이나 쥐를 잡는 것은 물론이고, 목양 기술도 있으며 기민한 경비견으로도 쓸 수 있다. 테리어다운 활발함을 가지고 있으면서도 성격이 원만해 다른 개와 잘 어울리는 반려견을 원한다면 이상적인 선택이라 할 수 있다. 소프트 코티드 휘튼 테리어는 200년 전에 존재했던 개의 후손으로 현존하는 아일랜드 태생 테리어 가운데 가장 오래된 품종이다.

성격

붙임성 좋고 자신감 넘치는 소프트 코티드 휘튼 테리어는 더 많은 인기를 끌지 않는 것이 이상할 정도로 강인하고 관리하기 쉬운 최고의 반려견이다. 다양한 환경에 잘 적응하는 모습을 보여주지만 시골 환경을 더 좋아하는 편이다.

건강 관리

소프트 코티드 휘튼 테리어는 건강한 견종이다. 털이 이중모는 아니지만 비바람에도 괜찮은 보호 능력을 가진다. 털 관리도 비교적 간단하다. 이 친구는 털 색상이 연해지면서 어두운 무늬가 완전히 사라지고 특유의 질감이 제대로 자리를 잡기까지 최대 18개월가량 걸린다.

보호자 팁

일반적인 테리어보다 상당히 큰 견종임에도 훈련이 쉽다. 장난기가 넘치지만 인내심이 뛰어나 아이들과도 잘 지낸다. 이만큼 다재다능하고 반려동물로서 훌륭한 친구도 흔치 않다.

특징

소프트 코티드 휘튼 테리어의 부드럽고 매끄러운 털은 어릴 때 누워있던 것이 커가면서 말려 곱슬거린다. 코와 입술은 검은색이다.

분류 Te – 테리어
북미, 영국, FCI 회원국

수명
12~14년

색상
선명한 밀색

머리
긴 직사각형 두상에 강한 주둥이

눈
중간 크기에 갈색 눈동자

귀
작거나 중간 크기의 귀가 머리 높이와 비슷하게 위치

가슴
깊음

꼬리
적당한 위치에서 시작해 위로 올리지만 등 위로 오지는 않음

체중
수컷 16~18kg
암컷 13.5~16kg

아이와의 친밀도

털 관리

운동량

어깨까지 높이
수컷 45.5~48cm
암컷 43~45.5cm

오스트레일리안 캐틀 독AUSTRALIAN CATTLE DOG

이 터프한 목양견은 지금도 호주의 농장에서 소를 몰고 있으며 국제 도그쇼에서도 출전해 명성을 떨치고 있다. 에너지가 넘치는 친구로 정기적으로 목줄 없이 충분한 운동을 시킬 자신이 없다면 넘볼 수 없는 녀석이다. 도시 생활에 적합하지 않다. 과거 영국을 비롯한 여러 국가에서 목양견을 들여왔지만 호주의 거친 기후에 잘 적응하지 못했다. 오스트레일리안 캐틀 독은 목축업자들이 호주 자생종인 딩고와 여러 개를 교배시켜 탄생시킨 녀석이다. 오스트레일리안 캐틀 독 특유의 색상은 1840년 스코틀랜드에서 데려온 청색 얼룩무늬(서로 다른 색의 털이 뒤섞여 대리석 무늬처럼 보임) 스무스 콜리 두 마리로부터 물려받은 것으로 알려져 있다. 강아지가 가끔 흰색으로 태어나는 경우가 있는데, 초창기에 교배시킨 달마시안 유전자의 영향이다.

성격

오스트레일리안 캐틀 독은 매우 활동적이지만 금세 지루함을 느낀다. 하지만 주인과는 매우 강한 유대감을 형성한다.

건강 관리

오스트레일리안 캐틀 독은 강인하고 수명이 길어 최장수 개라는 기록을 보유하고 있다. '블루이Bluey'라는 녀석은 29년 넘게 살면서 16년 동안 목장에서 일을 했다고 전해진다. 털 관리는 최소한으로 충분하다.

보호자 팁

사람이나 다른 강아지를 상대로 세심한 사회화가 요구되며, 강력한 허딩 본능을 억제하는 훈련이 필수적이다.

특징

강한 머리와 쫑긋한 귀, 탄탄한 체격을 가진 오스트레일리안 캐틀 독은 털색이 청색 얼룩무늬인 경우가 많다. 개체별 색상은 확연하게 달라 멀리서 봐도 쉽게 구분될 정도다.

분류 He – 허딩
북미, 영국, FCI 회원국

수명
14~20년

색상
청색
얼룩무늬와 작은 적색 반점이
있기도 함

머리
넓은 두상에 스톱이 선명하고
중간 크기의 강력한 주둥이

눈
중간 크기의 타원형에 짙은 갈색
눈동자

귀
비교적 작고 쫑긋함
귀 사이 간격이 넓음

가슴
깊고 근육질인 가슴

꼬리
시작 위치가 비교적 낮고 휴식
중일 때 살짝 휘어짐
꼬리의 가동범위는 뿌리에서 그린
가상의 수직선을 넘을 수 없음

체중
16~20.5kg

아이와의 친밀도

털 관리

짖음량

운동량

어깨까지 높이
수컷 45.5~51cm
암컷 43~48cm

웰시 스프링거 스패니얼 WELSH SPRINGER SPANIEL

웨일스에서 1,000년 넘게 인기를 끌었던 친구로 지금도 이 지역에 많은 개체가 살고 있다. 영국의 모든 스패니얼은 아마도 아마도 웰시 스프링거 스패니얼의 후손일 것이다. 웰시 스프링거 스패니얼의 기원은 불분명하지만 북부 프랑스가 기원인 브리타니와 연결고리가 있을 가능성이 크다. 1800년대 후반까지 웰시 코커 스패니얼 Welsh Cocker Spaniel이라고 부르는 경우가 많았지만 실제로는 코커 스패니얼보다 상당히 무겁다. 웰시 스프링거 스패니얼은 1800년대 후반에 북미에 처음 소개되었다.

성격

웰시 스프링거 스패니얼은 주인을 즐겁게 하는 재주가 있는 강아지다. 활달하고 활동적이며 다정한 웰시 스프링거 스패니얼은 과거처럼 사냥감을 탐지하고 몰 수 있는 시골 환경에서 잘 지낸다.

건강 관리

털은 보호 능력이 탁월하지만 시골길을 산책하거나 장시간 작업 후에는 반드시 그루밍해서 식물의 씨앗이나 가시 등을 제거하고 진드기가 딸려오지 않았는지 확인해야 한다.

보호자 팁

웰시 스프링거 스패니얼은 실외 사냥용으로 만들어져서 도시 생활과 잘 맞지 않는다. 산책을 나갔을 때 특정 냄새를 따라가서 갑자기 사라지는 사태를 방지하려면 훈련이 필수적이다. 학습 능력은 뛰어난 편이다. 운동만 충분히 시켜준다면, 집 안에서도 잘 지내며 훌륭한 경비견이 되어줄 것이다.

특징

웰시 스프링거 스패니얼은 암적색에 흰색이 특징이며 가끔 적색과 흰색 털이 뒤섞인 무늬가 반점처럼 나타나기도 한다. 다리를 포함한 신체 하부는 장식털이 풍성하게 나 있고 귀와 꼬리에도 일부 장식털이 있다. 웰시 스프링거 스패니얼은 다른 대부분의 스패니얼보다 두상이 좁다.

분류 S – 스포팅
북미, 영국, FCI 회원국

수명
11~13년

색상
적색에 흰색

머리
중간 길이의 반구형 두상

눈
타원형에 짙은 눈동자

귀
눈과 같은 높이에서 볼과 가깝게 위치

가슴
근육질 가슴이 앞다리 무릎 높이까지 내려옴

꼬리
등선이 연장되어 수평에 가깝게 위치하며 흥분 시 살짝 올라감

체중
16~20.5kg

아이와의 친밀도

털 관리

목욕량

활동량

어깨까지 높이
수컷 45.5~48cm
암컷 43~45.5cm

슈나우저SCHNAUZER

활발하고 사회성이 뛰어난 슈나우저는 아이들과도 잘 지내고 함께 놀기에 크기도 적당해서 이상적인 가정용 반려견이다. 원래 쥐 사냥용으로 키워졌던 슈나우저는 600년 전부터 인간과 함께해온 것으로 알려진 강아지다. 과거에는 와이어 헤어드 핀셔Wire-haired Pinscher로 불렸지만 1879년부터 '수염 난 주둥이'라는 의미를 가진 슈나우저로 이름이 바뀌었다.

성격

대담하고 믿음직한 슈나우저는 타고난 지능이 높아서 학습 능력이 뛰어나다. 가까운 사람들과 강한 유대감을 형성하기 때문에 슈나우저를 입양한다면 금세 가족의 일원으로 자리 잡을 것이다.

건강 관리

가끔 눈물샘에 배출 구멍이 없어 눈물이 정상적으로 눈으로 배출되지 못하고 얼굴로 흘러내리는 경우가 있다. 이 증상은 수술로 교정이 가능하다.

보호자 팁

털이 저절로 빠지지 않기 때문에 전문가의 손길이 필요하다. 슈나우저는 가족과 함께하고 게임에 열정적으로 임하는 등 생활 속에서 가족들과 자주 부대끼길 원하는 활발한 견종이다. 충분한 산책이 필요하다.

특징

거친 털을 가진 슈나우저는 일부 개체에서
솔트앤페퍼라는 불리는 특이한 회색 털을
가지고 있으며 개체별로 패턴 차이가 크다.
뻣뻣하고 밀착된 털은 두툽게 나 있어야 한
다. 겉털은 눕지 않고 뻗쳐 있으며 등쪽 털은
최대 5cm까지 길게 자란다.

분류 W – 워킹
북미, 영국, FCI 회원국

수명
11~13년

색상
솔트앤페퍼(회색털의 음영은
은색에서 철회색까지 다양함),
검은색 단색

머리
탄탄한 직사각형 두상에
어울리는 폭과 길이의 주둥이

눈
중간 크기의 타원형에 짙은 갈색
눈동자

귀
V자형 귀가 두개골에서 높은
곳에 위치
귀 안쪽이 불과 가깝게 위치하는
모양으로 접힘

가슴
중간 정도의 너비

꼬리
시작 부위가 높고 꼿꼿하게 세움

체중
수컷 16~20.5kg
암컷 13.5~18kg

아이와의 친밀도

털 관리

운동량

훈련성

어깨까지 높이
수컷 47~49.5cm
암컷 44.5~47cm

브리타니BRITTANY

브리타니는 프랑스 북서부 브르타뉴에서 탄생했다. 처음에는 브리타니도 스패니얼처럼 사냥감을 몰거나 물어오는 용도로 길러졌다. 이후 세터, 포인터와 교배가 이뤄지면서 진정한 만능 사냥개로 거듭났다. 이름에 스패니얼이 붙지 않는 이유이기도 하다. 브리타니는 1931년에 북미에 처음 알려졌다.

성격
반응성과 적응력이 좋은 브리타니는 다정한 반려견이다. 의지가 굳고 체력이 뛰어나다. 주인이 기뻐하는 모습을 좋아해 훈련은 쉬운 편이다.

건강 관리
일부 혈통에서 혈우병이라는 혈액응고 장애가 있다. 브리타니를 들여온다면 혈통의 유전질환을 꼭 확인해야 한다. 브리타니는 비교적 털 관리가 쉽고 다른 스패니얼에 비해 그루밍이 간단하다.

보호자 팁
브리타니는 정기적으로 너른 공간에 풀어주고 충분히 운동을 시켜줘야 한다. 만약 풀숲에 들어갔다가 나왔다면 식물 씨앗이나 벼룩이 딸려오지 않는지 꼭 확인해야 한다. 잔디 씨앗이 발에 박힐 경우 피부를 뚫고 들어가 감염을 일으킬 수도 있다.

특징

현재 브리타니의 색상은 1976년에야 공인된 영국보다 북미에서 더 많은 제한을 두고 있다. 털은 곱고 빽빽하며 다리 뒤쪽과 귀에 장식털이 없는 편이다. 원조 스패니얼과 구분되는 또 하나의 특징은 입술 피부가 더 팽팽해 아래로 처지지 않는다는 것이다.

분류 S – 스포팅
북미, 영국, FCI 회원국

수명
11~13년

색상
오렌지색에 흰색 또는 적갈색에 흰색
혼재된 색상 허용
검은색 무늬는 어떤 형태로든 부적절함

머리
살짝 둥글고 중간 길이인 두상

눈
움푹 들어가고 눈썹털 때문에 도드라져 보임

귀
짧은 삼각형 귀로 끝이 둥글고 납작하게 누워있음

가슴
앞다리 무릎까지 내려온 깊은 가슴

꼬리
시작 부위가 높음
자연적으로 꼬리가 없거나 매우 짧은 경우가 많음

체중
13.5~18kg

아이와의 친밀도

털 관리

무리와 어울림

운동량

어깨까지 높이
44.5~52cm

케리 블루 테리어KERRY BLUE TERRIER

영국 케리 지방에서 유래했으며 아일랜드를 대표하는 견종이다. 케리 블루 테리어는 사냥 감을 물어 오거나 가축을 모는 것은 물론, 쥐 같은 유해 동물까지 곧잘 사냥하는 다재다 능한 테리어다. 기원은 불분명하지만 아일랜드 토착 테리어 종의 후손으로 짐작되며 베들 링턴 테리어와 교배되었을 가능성이 있다. 1800년대 후반 아일랜드에서 인기가 높아졌으며 1920년에 미국으로 전해졌으나 곧 인기가 시들해졌다.

성격

지능이 높고 적응력이 좋은 친구로 강한 사냥 본능과 장난기 넘치는 면을 지니고 있다. 그래서 케리 블루 테 리어는 사람들과 어울리기 좋아하고 학습을 즐긴다.

건강 관리

대개 9~16주령 강아지에서 신경계 질환이 발생하는 경우가 간혹 있는데, 머리를 떨거나 앞다리가 뻣뻣해 지다가 마비되는 증상을 보인다. 노령견은 모낭에 암 이 발생할 수도 있다. 부어오른 것처럼 보이는데 그루 밍을 하다가 발견되곤 한다.

보호자 팁

케리 블루 테리어는 주변에 고양이가 있을 때 주의해 야 한다. 이 친구는 고양이에게 강한 반감을 나타내는 경우가 많은데, 훈련으로도 극복하기 어렵다. 하지만 아이들을 상대로는 강한 인내심을 발휘하는 좋은 경비 견이다.

특징

털색은 청색이 도는 회색에서 회색이 도는 청색까지 다양하다. 색상이 균질해야 하지만 주둥이, 귀, 발 등 신체 말단은 더 어두운 색이나 검은색에 가까운 경우도 있다. 태어났을 때 강아지는 검은색이지만 1년쯤 지나면 점점 밝아진다. 이 과정을 '클리어링clearing' 이라고 한다.

분류 Te – 테리어
북미, 영국, FCI 회원국

수명
13~15년

색상
청색이 도는 회색

머리
긴 두상만큼 긴 주둥이

눈
작은 크기에 짙은 눈동자

귀
작은 V자형 귀가 볼과 가깝게 누워있음

가슴
깊고 넓음

꼬리
쭉 뻗은 중간 길이의 꼬리가 등 위에 위치

체중
15~18kg
암컷은 더 가벼운 편

아이와의 친밀도
털 관리
목욕량
운동량

어깨까지 높이
수컷 45.5~49.5cm
암컷 44.5~48cm

샤페이 SHAR-PEI

고대 차이니즈 샤페이의 후손으로, 오늘날 샤페이가 전 세계적인 인기를 누리게 된 데는 어느 홍콩 애견인의 공이 크다. 1970년대 샤페이가 멸종되다시피 했을 무렵, 이 애견인은 고대 차이니즈 샤페이가 처한 위기에 관한 기사를 썼다. 이에 감명을 받은 몇몇 미국 애호가들이 샤페이를 보존하기 위해 종견을 수입하여 브리딩하기 시작했다. 불 테리어, 퍼그, 불독과 교배시켜 새롭게 태어난 샤페이는 기존 형태인 본 마우스bone-mouth보다 주둥이에 주름이 더 많아서 미트 마우스meat-mouth라고 불린다.

성격

샤페이는 대담하고 두려움을 모르는 친구로 다른 개에게 공격적인 모습을 보일 수도 있다.

건강 관리

한때 샤페이는 총 개체수가 60마리도 되지 않아 세계에서 가장 희귀한 견종 취급을 받기도 했다. 그 영향으로 오늘날 존재하는 샤페이는 유전자풀이 매우 좁은 종견으로부터 태어난 개체들이다. 과도한 주름 때문에 부분적으로 염증이 발생할 수 있으니 날씨가 더울 때는 특히 신경을 써야 한다. 또 눈 주위의 주름이 눈 질환을 유발할 수도 있다.

보호자 팁

털 길이가 매우 다양하다. '호스 코트horse coat'라고도 불리는 숏헤어 타입 샤페이가 있는가 하면, 털 길이가 2.5cm에 달하는 '브러시 코트brush coat'도 존재한다. 샤페이는 적절한 훈련이 필요하다. 그렇지 않으면 지배 성향이 커져 문제를 일으키는 경우가 많다.

특징

강아지 때 깊숙하게 늘어진 주름은 성견이
되어감에 따라 점점 펴진다. 샤페이라는 이
름은 '사포 같은 털'이라는 의미로, 거칠고
꺼칠꺼칠한 털의 질감을 잘 표현한다. 샤페
이의 또 다른 특징은 파란색의 혀를 가지고
있다는 점이다.

분류 NS – 논스포팅
북미, 영국, FCI 회원국

수명
10~12년

색상
알비노를 제외한 모든 단색 가능

머리
큰 두상에 넓은 주둥이가 특징

눈
작은 크기의 아몬드형
살짝 가라앉은 눈

귀
주로 납작하게 누워있고
두개골에서 높은 곳에 위치함
귀 사이 간격이 넓음

가슴
깊고 넓음

꼬리
시작 부위가 높음
점점 가늘어지는 꼬리가
뿌리부터 둥근 모양으로 말림

체중
20.5~27kg

아이와의 친밀도

털 관리

목 마르

운동량

어깨까지 높이
45.5~51cm

휘핏WHIPPET

한때 '가난한 자의 경주마'라는 별명을 가졌던 휘핏은 순간 최대속도가 시속 56㎞에 이를 정도로 뛰어난 달리기 실력을 지니고 있다. 휘핏은 반응성이 좋아 오비디언스 대회에 이상적인 견종이다. 하지만 운동 능력이 뛰어난 친구로 플라이볼이나 어질리티 대회처럼 에너지를 발산하는 활동을 할 때 훨씬 더 두각을 나타낸다. 휘핏은 잉글랜드 북부에서 탄생했으며 그레이하운드의 후손이다. 뿐만 아니라 베틀링턴 테리어 등 같은 지역에서 탄생한 여러 테리어 종과 스패니얼의 피도 일부 섞인 것으로 보인다.

성격

낯을 가리고 예민한 경우가 많지만 아는 사람에게는 매우 다정하다. 게임을 매우 좋아해서 공을 던지면 잘 물고 돌아온다.

건강 관리

휘핏은 그루밍이 거의 필요 없어 관리가 쉬운 견종이지만 추위를 잘 탄다. 가끔 수컷은 한쪽 또는 양쪽 고환이 정상적으로 음낭으로 내려오지 않는 잠복고환이 발생할 수 있다.

보호자 팁

휘핏은 마음껏 달릴 공간이 필요하므로 도시보다는 탁 트인 전원 환경이 이상적이다. 가정에서 키울 경우 마당을 파헤치거나 뛰어난 점프력을 활용해 탈출할 수 있으니 높고 안전한 울타리를 설치해야 한다.

특징

휘핏은 날씬하고 깊은 흉곽이 꼬리쪽으로 잘록하게 떨어지며 등이 굽어 있다. 털이 짧아서 매끈하고 날렵하게 잘 발달된 근육을 관찰할 수 있다. 그중에서도 특히 뒷다리가 돋보인다.

분류 H – 하운드
북미, 영국, FCI 회원국

수명
13~15년

색상
모든 색상 가능

머리
길고 호리호리한 두상에 검은색 코

눈
양쪽 눈이 크고 눈동자 색은
동일하면서 짙어야 함

귀
작은 장미 모양 귀는 휴식 중일 때
목과 같은 방향으로 접혀 있음

가슴
늑골이 잘 벌어지고 앞다리
무릎까지 내려온 깊은 가슴

꼬리
등 높이보다 높게 올리지 않음

체중
약 12.5kg

아이와의 친밀도

털 관리

목욕량

운동량

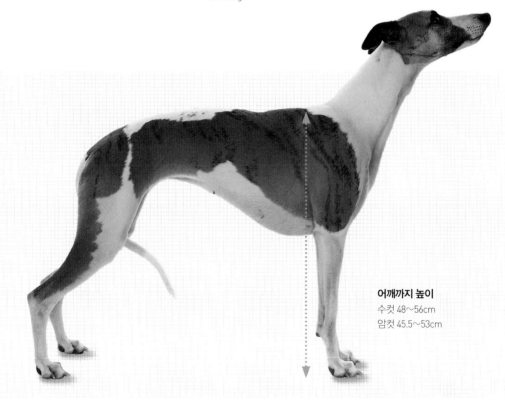

어깨까지 높이
수컷 48~56cm
암컷 45.5~53cm

보더 콜리BORDER COLLIE

로마 시대부터 영국에 살았던 목양견이다. '보더 콜리'라는 이름은 스코틀랜드와 잉글랜드 사이의 지명에서 유래한 것이다. 북미에는 1880년대에 처음으로 전해졌다. 목양견 중 가장 재능이 넘치고 지능이 높은 종으로, 쉽독 트라이얼이나 어질리티, 플라이볼 대회에서 높은 성적을 거두고 있다. 하지만 보더 콜리를 반려동물로 키우려면 많은 시간을 할애해서 훈련을 시켜야 할 정도로 다루기 쉽지 않은 녀석이다.

성격

보더 콜리는 작업을 할 때 주인의 생각을 직감적으로 읽을 수 있을 정도로 반응성이 매우 좋고 지능이 높아서 학습 능력이 뛰어나며 지치지 않는 체력을 지니고 있다. 자신이 속한 가족 구성원에게는 다정하다.

건강 관리

보더 콜리는 진행성망막위축증이라는 유전성 눈 질환에 취약하다. 심한 경우 실명에 이를 수도 있다. 증상은 3~5세령이 되어서야 발현된다. 종견 내에서 적절한 선별이 이루질 필요가 있다.

보호자 팁

보더 콜리는 매일 충분한 운동이 필요하다. 그렇지 않을 경우 신경과민이 올 수 있다. 보더 콜리는 강한 목양 본능을 가지고 있으므로, 특히 주변에 양이 있다면 반드시 목줄을 착용시켜야 한다.

특징

과거에는 목양 능력만 보고 키웠던 녀석이지만 1976년 브리티시 켄넬 클럽에서 쇼독으로 공인한 이후, 보더 콜리의 견종 표준서가 제정되었다. 털은 러프와 스무스 타입 모두 허용되며 대회에서는 색상이나 무늬보다 걸음걸이가 더 중요한 요소로 평가된다.

분류 He – 허딩
북미, 영국, FCI 회원국

수명
11~13년

색상
검은색에 흰색이 많으며 세 가지 색 혼합도 가능

머리
편평하고 중간 크기의 두상과 조화를 이루는 주둥이 길이

눈
중간 크기의 타원형 눈에 적당한 미간

귀
상황에 따라 쫑긋하거나 반쯤 선 중간 크기의 귀

가슴
깊고 비교적 넓어서 앞다리 무릎까지 내려옴

꼬리
시작 부위가 낮음
집중 시 꼬리를 아래로 내림

체중
13.5~20kg

아이와의 친밀도

털 관리

목욕량

운동량

어깨까지 높이
수컷 48~56cm
암컷 45.5~53cm

오스트레일리안 셰퍼드AUSTRALIAN SHEPHERD

오스트레일리안 셰퍼드는 프랑스와 스페인 사이 피레네 산맥에 위치한 바스크 지방에 뿌리를 두고 있다. 바스크 출신 목동 중 몇몇이 자신들의 개와 함께 호주로 이주했다. 그리고 1800년대 후반 호주에서 북미로의 두 번째 이주가 있을 때 오스트레일리안 셰퍼드도 주인을 따라 함께 미국으로 들어갔다. 그리고 캘리포니아주를 중심으로 이 친구들의 형태가 더 발전했다. 오스트레일리안 셰퍼드는 높은 지능을 가지고 있고 관찰력이 대단히 뛰어나다. 이 다재다능한 능력을 가진 친구는 현재도 미국 농장에서 일하고 있으며, 맹인 안내, 수색·구조 작업, 불법 마약을 탐지하는 등 다양한 분야에서 활약 중이다.

성격

오스트레일리안 셰퍼드는 붙임성이 좋아 다른 강아지들과 잘 지내며 얌전하다. 뿐만 아니라 반응성이 좋고 믿음직스러울 뿐만 아니라 놀이를 좋아해서 에너지가 넘친다. 아이들과도 잘 지내는 편이다.

건강 관리

얼룩무늬끼리 교배 시 강아지의 시력이나 청력, 혹은 양쪽 모두 상실될 수 있으므로 절대 피해야 한다.

보호자 팁

오스트레일리안 셰퍼드는 방한성 이중모를 가지고 있다. 속털이 많이 빠지는 봄이 오면 꼼꼼하게 빗질을 해줄 필요가 있다.

특징

오스트레일리안 셰퍼드는 전형적인 목양견의 속성을 가지고 있다. 주둥이는 점점 뾰족해지며 귀가 두개골 높은 곳에 위치하여 기민한 인상을 풍긴다. 눈은 청색과 갈색 모두 가능하며, 털은 적색 단색, 적갈색 단색, 검은색 단색이다. 청색 얼룩무늬, 적색 얼룩무늬도 있는데 나이가 들어감에 따라 점점 색이 어두워진다. 흰색과 황갈색 무늬도 허용된다.

분류 He - 허딩
북미, 영국, FCI 회원국

수명
11~13년

색상
검은색, 적색, 청색 또는 적색
얼룩무늬
흰색 무늬나 황갈색 포인트 가능

머리
편평한 두상에 중간 길이의 주둥이

눈
아몬드형
눈동자는 갈색, 호박색, 청색,
또는 상기 색들의 혼합

귀
중간 크기의 삼각형 귀가
두개골 높은 곳에 위치

가슴
깊지만 넓지 않으며 앞다리
무릎까지 내려옴

꼬리
쭉 뻗었으며 자연적으로 짧은
꼬리가 태어나기도 함

체중
16~32kg

아이와의 친밀도

털 관리

운동량

목이량

어깨까지 높이
수컷 51~58.5cm
암컷 45.5~53cm

차우차우 CHOW CHOW

차우차우의 특이한 이름은 배에 싣는 화물을 의미하는 북경어나 식용을 의미하는 광둥어 'chow'에서 유래했을 가능성이 높다. 2,000년 전부터 존재한 한독Han Dog의 후손인 차우차우는 초창기에 식용으로 주로 길러졌다. 그래서 어린 강아지는 곡물을 먹이며 세심하게 키워졌다. 반면 식용이 아니었던 차우차우는 수레를 끌거나 경비견으로 쓰이기도 했다. 중국 황제는 사냥개로 차우차우를 5,000마리나 기르기도 했다고 한다. 차우차우는 1780년 처음 서양에 전해진다.

성격

차우차우는 매우 지능이 높지만 본디 명랑한 성격이 아니다. 그리고 처음 보는 사람을 쉽사리 따르지 않는다.

건강 관리

일부 차우차우는 정상보다 훨씬 짧은 꼬리를 가지고 태어나지만 건강에는 별다른 이상이 없다. 또한 안검 내번, 이중 속눈썹 등 눈꺼풀에 다양한 문제가 생길 수 있는데, 대개는 수술로 교정이 가능하다.

보호자 팁

차우차우는 독립적인 성향이 강해 제대로 훈련시키기 어려운 견종으로 손꼽힌다. 스무스 타입 털은 그루밍이 덜 필요하다. 차우차우는 눈이 깊이 파묻혀 있어 주변 시야가 제한적이라 측면에서 접근할 경우 예민하게 반응할 수 있다.

특징

머리 주위로 털이 더 길어 사자 갈기에 비유되곤 했다. 털은 두 가지 타입이 공인되었으며 갈기 형상은 러프 타입에서만 볼 수 있다. 차우차우는 통통한 체격이지만 근육질이며 귀가 비교적 작고 복슬복슬한 꼬리가 등 위로 말려 있다.

분류 NS – 논스포팅
북미, 영국, FCI 회원국

수명
11~13년

색상
크림색, 적색, 계피색, 청색, 검은색

머리
넓은 두상에 짧고 넓은 주둥이

눈
움푹 들어가고 미간이 넓음
짙은 갈색 눈동자

귀
끝이 조금 둥근 삼각형 귀
쫑긋하지만 살짝 앞쪽으로
기울어짐

가슴
근육질의 깊고 넓은 가슴

꼬리
시작 부위가 높음
등 위에서 낮게 내림

체중
22.5~32kg

아이와의 친밀도

털 관리

짖음

운동량

어깨까지 높이
45.5~56cm

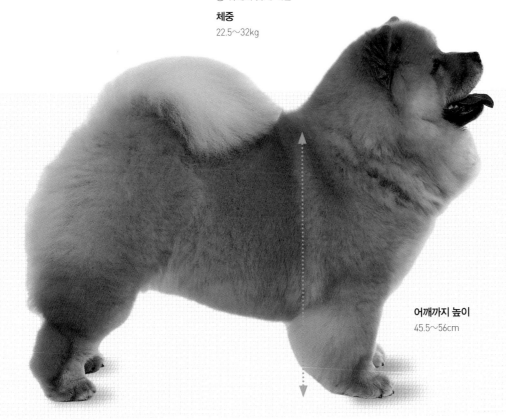

잉글리시 스프링거 스패니얼ENGLISH SPRINGER SPANIEL

'스프링거'라는 이름은 이 친구의 점프력과 무관하며 사냥감을 덤불 밖으로 스프링처럼 튀어나오게 만든다고 해서 붙은 이름이다. 원래 우드 스패니얼Wood Spaniel로 불렸던 녀석으로 엄청난 에너지와 체력의 소유자다. 공인된 지 350년 이상 된 견종으로 1920년대에 북미에서 인기를 끌면서 유명해진다.

성격

천성이 활기찬 녀석으로 부지런하게 움직이며 주인이 기뻐하는 모습을 좋아한다. 사람들과도 잘 지내는 활발한 친구다. 훈련이나 놀이나 엄청난 집중력을 보여준다.

건강 관리

잉글리시 스프링거 스패니얼은 여러 가지 선천성 눈질환에 특히 취약하다. 안검내반, 안검외반이 발생할 수 있고 속눈썹이 두 겹으로 나기도 한다. 상기 증상모두 수술이 필요할 수 있다. 녹내장과 진행성망막위축증이 발병하기도 한다.

보호자 팁

이 스패니얼 종은 매우 높은 활동 에너지를 가지고 있어 충분한 운동과 관심거리를 제공하지 않는다면 스트레스로 집안 기물을 파괴할 수 있다. 공이나 장난감을 물어오는 훈련은 쉬운 편이다.

특징

중형 사냥견에 속하는 잉글리시 스프링거 스패니얼은 다부진 체격과 이에 걸맞은 머리 크기 덕분에 균형이 잘 잡혀있다는 인상을 준다. 털은 중간 정도의 길이이며 장식털이 눈에 띈다. 길게 늘어진 귀는 전체적으로 털이 덮혀 있다. 윗입술은 턱선보다 아래로 늘어져 있다.

분류 S – 스포팅
북미, 영국, FCI 회원국

수명
11~13년

색상
검은색에 흰색, 적갈색에 흰색, 청색 혼재, 적갈색 혼재
세 가지 색(검은색 또는 적갈색에 흰색과 황갈색 무늬)

머리
비교적 넓은 중간 길이의 두상

눈
중간 크기에 타원형

귀
길고 넓은 귀가 볼 옆으로 늘어짐
눈과 같은 높이에 위치

가슴
깊고 중간 너비의 가슴

꼬리
수평 위치에 있거나 살짝 위에 있음
사냥 시 꼬리를 열심히 움직임

체중
수컷 22.5kg
암컷 18kg

아이와의 친밀도

털 관리

운동량

활동량

어깨까지 높이
수컷 51cm
암컷 48cm

시베리안 허스키SIBERIAN HUSKY

'아크틱 허스키Arctic Husky'라고도 하는 이 친구는 아마도 썰매개 중 가장 유명한 견종일 것이다. 시베리안 허스키는 생김새가 늑대를 닮았지만 붙임성이 좋고 외향적인 성격을 지녀 반려동물로도 훌륭하다. 시베리안 허스키는 원래 시베리아 동북부에 거주하던 축치족이 만들어낸 견종으로 동북아시아 지역에서 기원했다. 북미에는 1900년대 초반에 들어왔다.

성격

의지가 강하고 의욕이 넘치는 시베리안 허스키는 주인과 강한 유대감을 형성한다. 일반적으로 모르는 사람에게도 붙임성이 좋고 쉽게 친해지는 편이라 경비견으로는 적합하지 않다.

건강 관리

시베리안 허스키는 일반적으로 건강하고 튼튼하지만 폰빌레브란트라는 유전질환으로 혈액 응고 체계가 영향을 받을 수 있다. 해당 질환으로 진단 시 약물치료가 필요하다.

보호자 팁

다른 썰매개와 마찬가지로 시베리안 허스키의 넘치는 체력을 소진시키려면 많은 운동량이 필요하다. 여유롭게 긴 산책을 즐기는 이들에게 시베리안 허스키는 반려견으로 좋은 선택지다. 특이하게도 썰매개치고는 자기주장이 강하지 않아 시베리안 허스키끼리도 사이좋게 잘 지내는 편이다.

특징

시베리안 허스키는 체격이 좋고 다리가 길다. 살짝 긴 털을 가지고 있음에도 옆모습을 보면 근육질이라는 걸 쉽게 느낄 수 있다. 쭉 뻗은 방한성 겉털이 빽빽한 속털을 덮고 있다. 털의 음영은 개체별로 차이가 크며 매력적인 파란색 눈을 가진 개체가 종종 나온다.

분류 W – 워킹
북미, 영국, FCI 회원국

수명
10~12년

색상
모든 색상 가능

머리
점점 뾰족해지는 중간 길이의 주둥이

눈
아몬드형이며 눈동자는 한쪽 또는 양쪽이 갈색, 청색

귀
쫑긋하고 끝이 살짝 둥근 삼각형 귀가 두개골에서 높은 곳에 위치

가슴
깊고 탄탄하지만 그리 넓지 않음

꼬리
털이 풍성하고 꼬리가 등선 바로 아래에서 시작
위로 올리지만 휴식 중일 때 바닥에 끌림

체중
수컷 20.5~27kg
암컷 16~22.5kg

아이와의 친밀도

털 관리

무이량

운동량

어깨까지 높이
수컷 53~59.75cm
암컷 51~56cm

149

비어디드 콜리BEARDED COLLIE

비어디드 콜리는 현재 멸종한 올드 웰시 그레이 쉽독Old Welsh Grey Sheepdog이나 16세기부터
스코틀랜드에 존재했던 폴리시 로우랜드 쉽독Polish Lowland Sheepdog의 후손일 가능성이 크
다. 비어디드 콜리는 가축을 몰던 견종으로 소의 움직임을 통제했다. 지금은 사람들이 많
이 키우는 견종이지만 1940년대에는 거의 자취를 감추다시피 했다. 하지만 그 시기를 기점
으로 대대적인 회생 작업에 들어간 끝에 1960년대 후반 북미에서 인기를 끌게 된다.

성격

비어디드 콜리는 활동적이고 충성스러우며 다정하다.
엄청난 체력을 지니고 있어 실외에서 충분한 운동을
시켜줘야 잘 지낸다. 산책 내내 든든한 동반자가 되어
줄 것이다.

건강 관리

비어디드 콜리는 1940년대에 재탄생하는 과정을 거쳤
다. 유전자풀이 협소함에도 불구하고 굉장히 건강한
편이다. 그루밍이 꼭 필요하다. 진흙이 묻거나 털이 젖
으면 그대로 말린 다음 브러시로 빗어내면 된다. 쇼독
은 절대로 털을 다듬지 않는다.

보호자 팁

다른 목양견들과 마찬가지로 비어디드 콜리도 꾸준히
운동을 시켜주지 않으면 지루함과 스트레스로 집안 기
물을 파괴한다.

특징

중간 길이의 풍성한 털은 길고 날씬한 몸통의 양쪽으로 갈라져 내려온다. 겉털이 거칠고 가라앉아 있다면 속털은 더 부드럽고 방한성이 좋다. 검은색 강아지는 성견이 되면서 털색이 녹회색 빛을 띠고, 갈색 강아지는 짙은 초콜릿색으로 바뀐다.

분류 He – 허딩
북미, 영국, FCI 회원국

수명
11~13년

색상
출생 후 강아지는 갈색, 옅은 황갈색, 청색 또는 검은색이며 흰색 무늬가 있을 수 있음
성장과 더불어 털색이 옅어짐

머리
넓고 편평한 두상에 강한 주둥이와 사각형 코

눈
크고 미간이 넓음
표현력이 풍부함

귀
중간 길이의 귀가 머리 양쪽으로 늘어짐

가슴
앞다리 무릎까지 내려온 깊은 가슴

꼬리
시작 부위가 낮음
아래로 휘어진 꼬리를 아래로 내림
꼬리가 등쪽으로 넘어가지 않음
뒷무릎 관절에 닿기도 함

체중
18~27kg

아이와의 친밀도

털 관리

목욕량

운동량

어깨까지 높이
수컷 45.5~56cm
암컷 51~53cm

달마시안DALMATIAN

달마시안은 세계적으로 인지도가 높고 독특한 견종 가운데 하나다. 영화 〈101마리의 달마시안〉의 흥행도 달마시안의 인지도에 한몫했다. 하지만 달마시안은 현대의 도시 생활과 잘 맞지 않는 친구다. 정확한 기원은 불분명하지만 아드리아해 연안의 크로아티아 남부 달마티아Dalmatia에서 그 이름이 유래한 것으로 추정된다. 달마시안은 마차와 함께 달리며 노상강도로부터 마차를 보호하는 역할을 맡았다. 19세기 미국에서 달마시안은 소방 도구를 실은 마차가 번잡한 도시를 뚫고 달릴 수 있도록 도왔다고 전해진다.

성격

달마시안은 붙임성이 좋고 에너지가 넘친다. 또한 다른 강아지들과도 잘 지내고 비교적 낯을 가리지 않는 편이다. 하지만 덩치가 크고 외향적이라 어린 자녀가 있는 가정에 어울리는 반려동물은 아니다.

건강 관리

달마시안은 여러 가지 유전질환이 발생할 수 있는데, 특히 요로결석으로 심각한 상황에 이를 수 있다. 어린 달마시안은 난청이 발생하기도 한다. 또 피부병에 걸리기 쉬운데, 자기 피부를 계속 긁거나 깨물기도 한다.

보호자 팁

달마시안 강아지가 태어났을 때는 흰색이지만 자라면서 점박이 무늬가 생긴다. 이 친구는 운동 능력이 뛰어나 함께 러닝이나 조깅하기를 좋아한다. 다만 어린 강아지는 너무 먼 거리를 달리지 않도록 주의해야 한다.

특징

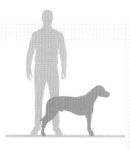

달마시안은 점박이 무늬가 특징이다. 점의 패턴이 일정하지 않아서 개체별로 식별하기 쉽다. 쇼독의 경우 점이 둥근 형태여야 하고 머리, 다리, 꼬리에 있는 점이 몸에 있는 점보다 크기가 더 작아야 한다. 또한 전체적으로 골고루 퍼지고 점끼리 겹치지 않는 패턴이 이상적이다.

분류 NS – 논스포팅
북미, 영국, FCI 회원국

수명
12~14년

색상
흰 바탕에 적갈색 또는 검은색 반점

머리
알맞은 길이의 두상에 팽팽한 피부

눈
움푹 들어가고 중간 크기의 둥근 모양
눈동자는 갈색, 청색

귀
높이 위치하고 점점 뾰족해짐

가슴
너비에 비해 깊음

꼬리
길고 점점 짧아짐

체중
22.5~25kg

아이와의 친밀도

털 관리

목욕량

운동량

어깨까지 높이
48~58.5cm

사모예드 SAMOYED

아름답고 풍성한 털을 자랑하는 사모예드는 지구상에서 가장 척박한 지역에서 탄생한, 터프한 사역견이다. 이 친구의 이름은 북부 시베리아에서 순록을 몰거나 썰매개로 활용했던 사모예드족에서 유래했다. 사모예드의 두터운 털은 옷감을 만드는 데 쓰이기도 했다. 사모예드는 1800년대 후반 모피 무역상들에 영국으로 들어오면서 서양 세계에 처음으로 알려진 이후 선풍적인 인기를 끌게 된다.

성격

지능이 높고 활동적인 사모예드는 엄청난 체력을 자랑한다. 이 친구는 붙임성과 사교성이 좋지만 지루함을 느끼면 제멋대로 행동하기도 한다. 경계 시 입꼬리가 올라가는 모습이 웃는 것처럼 보인다. 독립적인 기질을 지니고 있어 훈련이 어려울 수 있다.

건강 관리

사모예드는 튼튼한 견종이지만 일부 개체에서 선천성 순환계 질환이 나타나고 당뇨병이 발생한다는 보고가 있다.

보호자 팁

비만은 당뇨병에 걸리기 쉬운 요인이므로 과체중이 되지 않도록 주의해야 한다. 풍성한 털 때문에 매일 그루밍을 해야 한다.

특징

사모예드하면 순백색이 연상되지만 다른 색깔도 많다. 목 주변을 두르는 특유의 갈기털은 동절기에 더욱 풍성해진다. 사모예드는 토끼처럼 길고 좁은 발을 가져 눈 위에서 빠지지 않고 걸어갈 수 있다. 발가락은 털이 두텁게 나 있어 동상을 방지한다.

분류 W – 워킹
북미, 영국, FCI 회원국

수명
10~12년

색상
순백색, 크림색, 비스킷색, 흰색에
비스킷색

머리
넓은 두상에 점점 뾰족해지는
중간 길이의 주둥이

눈
아몬드형이며 짙은 눈동자가
이상적

귀
끝이 둥글고 두툼한 삼각형
적당한 간격을 이루며 쫑긋 세움

가슴
앞다리 무릎까지 내려온 깊은 가슴

꼬리
긴 꼬리에 풍성한 털
등 위나 옆에 위치하며 휴식 중일
때 아래로 내리기도 함

체중
22.5~29.5kg

아이와의 친밀도 / 털 관리 / 목욕량 / 운동량

어깨까지 높이
수컷 53~59.75cm
암컷 48~53cm

노르위전 엘크하운드 NORWEGIAN ELKHOUND

북유럽에서 온 이 친구는 굉장히 오래된 견종이다. 고고학적으로 노르위전 엘크하운드의 조상은 겨울이 매서운 노르웨이에서 약 7,000년 동안 살아왔다. 엘크하운드를 비롯한 여러 스피츠 품종들의 꼬리가 등 위로 말려 있는 이유는 멀리서 봤을 때 늑대와 구분되기 위함이었다.

성격

단독으로 인간과 작업해온 노르위전 엘크하운드는 굉장히 지능이 높은 반려견이다. 뿐만 아니라 엄청난 에너지의 소유자이기도 하다. 충성스러운 성격을 지니고 있으며 좋은 경비견이기도 하다.

건강 관리

충분한 그루밍이 필수적이다. 특히 엘크하운드가 동절기 동안 가졌던 길고 두터운 털이 봄에 빠지게 되면 더욱 손이 많이 간다. 진행성망막위축증은 망막에 돌이킬 수 없는 손상을 줘 실명에 이를 수 있는 질환이므로 혈통을 잘 살펴보아야 한다.

보호자 팁

공원 등지에서 얌전히 산책하기보다 전원 환경에서 충분한 운동을 시켜주고 그루밍에 많은 시간을 들여야 하는 친구다. 이름 그대로 원래 엘크(한대 지방의 거대한 사슴)를 사냥하던 대담한 녀석이기 때문에 지능이 높고 다재다능하다. 학습 능력이 뛰어나 빠르게 훈련을 시킬 수 있다.

특징

노르위전 엘크하운드는 스피츠 타입의 공통점인 쫑긋한 삼각형 귀와 여우와 비슷한 얼굴을 가졌다. 추위를 잘 차단하는 빽빽한 속털로 무장한 덕분에 추위에 강하다. 노르위전 엘크하운드 특유의 짙은 회색은 일반적으로 등의 안장 무늬를 이루는 부분에서 가장 진하고, 가슴이나 긴 갈기털이 난 목 부근에서 색상이 옅다. 신체 하부는 은빛을 띠며 주둥이, 귀, 꼬리 끝은 검은색이다.

분류 H – 하운드
북미, 영국, FCI 회원국

수명
10~12년

색상
회색과 갈색 음영

머리
넓고 쐐기형인 두상에 점점 뾰족해지는 주둥이

눈
중간 크기의 타원형에 짙은 갈색 눈동자

귀
쫑긋하고 귀를 움직일 수 있고 두개골에서 높은 곳에 위치

가슴
앞다리 무릎까지 내려온 깊은 가슴

꼬리
시작 부위가 높고 단단히 말림

체중
수컷 25kg
암컷 22kg

아이와의 친밀도
털 관리
목욕량
운동량

어깨까지 높이
수컷 54.5cm
암컷 49.5cm

미니어처 불 테리어MINIATURE BULL TERRIER

스탠다드와 미니어처 불 테리어 모두 특유의 달걀형 두상 때문에 한 번 보면 잊히지 않는 외모를 지녔다. 게다가 강인한 인상처럼 자기주장도 강하다. 1835년 영국에서 불 베이팅이 금지되자 투견이 성행하기 시작했다. 불 테리어는 투견에 적합한 품종을 만들기 위해 불독과 여러 테리어를 교배했고, 여기에 체력이 뛰어난 달마시안까지 교배해 탄생했다. 미니어처 불 테리어는 새끼들 중 작은 개체들을 선별하여 번식시킨 것으로 쥐잡이용으로 쓰였다. 미니어처 타입은 스탠다드 타입보다 10㎝가량 작다.

성격

불 테리어는 한때 흉포한 싸움꾼이었지만 현재는 온순하고 다정한 성격으로 변했다. 다만 상황에 따라 다른 강아지에게는 공격적으로 행동할 수 있다.

건강 관리

흰색 털을 가진 개체의 경우 강한 햇살에 장시간 노출되면 피부암에 걸릴 수 있다. 더운 날 대낮에는 운동을 피하고 돌출된 귀 부분에는 애견 전용 썬크림을 발라주는 것이 좋다. 흰색 불 테리어는 관련 유전자의 영향으로 선천성 난청이 올 수 있다.

보호자 팁

불 테리어는 미니어처 타입도 매우 강력하다. 가급적 강아지 때부터 다른 강아지들과 사회화를 경험할 수 있는 환경에서 정식으로 훈련을 받아야 한다. 이 조건만 충족된다면 불 테리어는 훌륭한 반려동물이 되어줄 것이다.

특징

불 테리어의 전체적인 신체 특성에서 이 견종의 힘을 느낄 수 있다. 긴 머리를 지탱하는 굵고 강한 목은 넓은 근육질 가슴으로 이어진다. 몸통은 짧고 튼튼하며 늑골이 잘 벌어진 넓은 가슴 덕분에 폐활량이 좋다. 다양한 색상이 존재하지만 흰 바탕에 얼굴에 짙은 색 무늬가 있는 색상이 가장 흔하며, 이는 달마시안의 영향을 받은 부분이다.

분류 Te – 테리어
북미, 영국, FCI 회원국

수명
10~12년

색상
흰색, 옅은 황갈색, 적색,
검은색 줄무늬, 두 가지 또는
세 가지 색 혼합

머리
매우 특징적인 계란형 두상

눈
작은 크기에 짙은 눈동자

귀
작은 양쪽 귀가 가깝게 위치하며
오똑하게 서 있을 수 있음

가슴
넓고 탄탄함

꼬리
시작 부위가 낮고 점점 가늘어짐
수평을 유지함

체중
23.5~28kg

아이와의 친밀도

털 관리

모이량

활동량

어깨까지 높이
53~56cm

체서피크 베이 리트리버CHESAPEAKE BAY RETRIEVER

체서피크 베이 리트리버는 물에서 작업하도록 만들어진 견종으로 워싱턴 D.C. 인근 지역에서 그 이름이 유래했다. 리트리버임에서도 흔치 않은 이유는 아마도 도시 생활에 적합하지 않기 때문일 것이다. 체서피크 베이 리트리버의 역사는 1807년까지 거슬러 올라간다. 당시 뉴펀들랜드 강아지 두 마리가 메릴랜드 주 해안에서 침몰 중인 배에서 구조되었다. 두 마리의 강아지는 해당 지역의 리트리버와 교배되었고, 이렇게 태어난 새끼들이 체서피크 베이 리트리버의 근간을 이뤘다. 이후 아이리시 워터 스패니얼Irish Water Spaniel, 오터하운드 Otterhound 등으로 추정되는 다른 품종과의 교배도 이 녀석의 탄생에 일조했다. 현재의 다재다능한 체서피크 베이 리트리버는 육지든 물이든 사냥감을 능숙하게 물어온다.

성격

체서피크 베이 리트리버는 강력한 힘과 지치지 않는 엄청난 체력을 자랑한다. 파도가 치고 영하에 가까운 바닷물에 반복적으로 뛰어들어 하루에 오리 200마리까지도 거뜬히 물어온다.

건강 관리

안검내반 등이 눈꺼풀에 발생하여 눈을 자극하는 선천성 질환이 문제가 될 수 있다. 또한 체서피크 베이 리트리버는 진행성망막위축증이 발병할 수 있으므로 직계 혈통에 해당 질환이 있었는지 미리 확인해야 한다. 그 외에는 일반적으로 굉장히 건강한 친구다.

보호자 팁

체사피크 베이 리트리버는 일찌감치 유대감을 형성하므로 강아지 때부터 키우는 것이 가장 좋다. 성장기 후반에 접어들수록 개가 애정을 주는 대상을 바꾸기 쉽지 않다. 학습 능력이 뛰어나고 적응력이 좋다. 선천적으로 물을 좋아해서 수영 실력이 뛰어나다.

특징

조상인 뉴펀들랜드의 속성이 체서피크 베이 리트리버의 큰 두상과 탄탄한 뒷다리에서 확연히 드러난다. 특장점인 이중모는 차가운 물로부터 효과적인 방한 능력을 제공한다. 겉털은 기름기가 돌아 물이 잘 스며들지 않고 복슬복슬한 속털은 더운 공기를 피부 가까이에 잘 잡아둬 단열성이 좋다.

분류 S – 스포팅
북미, 영국, FCI 회원국

수명
10~12년

색상
갈색이나 세지에 가까운 적색 계통

머리
넓고 둥근 두상

눈
비교적 크고 미간이 넓음
눈동자는 노란색 또는 호박색

귀
작은 귀가 두개골에서 높은 곳에 위치하며 머리 양쪽으로 가볍게 늘어짐

가슴
깊고 넓은 근육질

꼬리
중간 길이
쭉 뻗거나 살짝 휘어지지만 등 위로 올리지 않음

체중
수컷 29.5~36kg
암컷 25~32kg

아이와의 친밀도

털 관리

짖음양

운동량

어깨까지 높이
수컷 58.5~66cm
암컷 53~61cm

올드 잉글리시 쉽독OLD ENGLISH SHEEPDOG

올드 잉글리시 쉽독은 이름과 달리 탄생한 지 고작 200년밖에 되지 않아 본래 의미의 쉽독과는 다소 차이가 있다. 실제로는 소나 양을 시장으로 몰고 가는 일을 했던 친구다. 올드 잉글리시 쉽독은 잉글랜드 남서부 지방에서 비어디드 콜리를 다른 대형견과 교배한 결과 탄생했다. 우크라이나가 원산지며 최대 91㎝까지 크는 러시안 오브차카Russian Ovtcharka와 교배가 이뤄졌을 가능성이 있다.

성격

외모처럼 성격도 좋은 올드 잉글리시 쉽독은 붙임성 있고 장난기가 넘치며 지능이 높은 친구다. 큰 덩치에 에너지가 넘쳐 충분한 공간을 제공해주는 것이 좋다.

건강 관리

가끔 유전성 백내장이 앓는 경우가 있다. 털을 보기 좋은 상태로 유지하려면 정기적으로 관리해줘야 한다. 사진과 달리 몸통의 털을 밀어버리는 방법도 있지만 그러면 전혀 다른 개처럼 보인다.

보호자 팁

올드 잉글리시 쉽독은 귀염성 있는 반려동물이다. 또한 짖는 소리에 특유의 울림이 있는 좋은 경비견이기도 하다.

특징

몸을 덮는 풍성한 털이 올드 잉글리시 쉽독의 특징이다. 털의 질감은 단단하지만 부풀어 오르는 경향이 있어 텁수룩한 모습을 연출한다. 이 친구가 느긋하게 걸을 때는 별로 힘을 들이지 않는 것처럼 보인다. 하지만 속도를 높이거나 전속력으로 달릴 때는 탄력 있는 움직임을 보여준다. 원래 꼬리가 짧은 녀석이라 한때 '밥테일Bobtail'이라 불리기도 했다.

분류 He – 허딩
북미, 영국, FCI 회원국

수명
10〜12

색상
회색, 뒤섞인 색, 청색 얼룩무늬, 청색
흰색 무늬 있을 수 있음

머리
크고 비교적 사각형인 두상

눈
갈색, 청색, 또는 상기 색들의 혼합
털이 눈을 가리고 있음

귀
중간 크기의 귀가 머리 양쪽으로 납작하게 누워 있음

가슴
비교적 넓고 두꺼움

꼬리
태어났을 때 꼬리가 없을 수 있음

체중
27〜29.5kg

아이와의 친밀도

털 관리

목욕량

운동량

어깨까지 높이
수컷 56cm
암컷 53cm

에어데일 테리어AIREDALE TERRIER

영국 출신의 테리어 중 가장 큰 에어데일 테리어는 한 번 보면 잊히지 않는 외모를 가진 멋진 친구다. 반려견으로서의 모습 외에도 가축을 몰고, 사냥을 하고, 제1차 세계대전과 제2차 세계대전에서 적십자의 일원으로 활약하는 등 다재다능한 면모를 자랑한다. 에어데일 테리어는 1840년대에 잉글랜드 요크셔 주 에어강과 와프강 인근 지역에서 탄생했다. 외모와 덩치로 미루어볼 때 오터하운드Otterhound의 피가 섞인 것으로 추정된다. 에어데일 테리어의 털 색깔에서도 나타나지만 블랙 앤 탄 테리어Black and Tan Terrier의 피도 섞여 있다. 에어데일 테리어는 1881년 북미에 들어와 사냥개로 활동했다.

성격

대담하고 두려움을 모르는 에어데일 테리어는 자기주장이 강한 성격이다. 에너지가 넘치고 명랑하지만 다른 강아지에게는 그리 살갑게 대하지 않는다.

건강 관리

어린 강아지 때 배꼽과 가까운 부위에 응어리가 맺히거나 감각이 없는지 확인해야 한다. 종종 배꼽탈장으로 고통받기도 한다. 간단한 수술로 고칠 수 있다. 6개월령 정도 된 어린 에어데일 테리어 중 일부는 신경질환으로 뒷다리가 떨리는 증상이 나타나기도 한다.

보호자 팁

에어데일 테리어는 강한 사냥 본능이 남아 있어 작은 사냥감을 쫓아가 죽일 수도 있으므로 반드시 기니피그나 토끼 같은 애완동물로부터 떼어놓아야 한다. 훈련 요구량이 높아 에어데일 테리어를 키운다면 많은 인내심이 필요하다.

특징

에어데일 테리어의 얼굴에 난 특유의 수염
이 턱 전체를 덮을 만큼 내려와 있다. 머리와
귀는 반드시 황갈색에 코는 검은색이어야
한다. 두터운 겉털은 단단하고 뻣뻣한 반면,
속털은 더 부드럽다.

분류 Te – 테리어
북미, 영국, FCI 회원국

수명
12~14년

색상
황갈색 바탕에 검은색 안장 무늬가
등에 위치

머리
머리와 주둥이의 길이가 비슷함

눈
작은 크기에 짙은 눈동자

귀
작은 V자형 귀

가슴
앞다리 무릎까지 내려온 깊은
가슴

꼬리
시작 부위가 높으며 꼿꼿이 세운
꼬리

체중
20~22.5kg

아이와의 친밀도

털 관리

운동량

목욕량

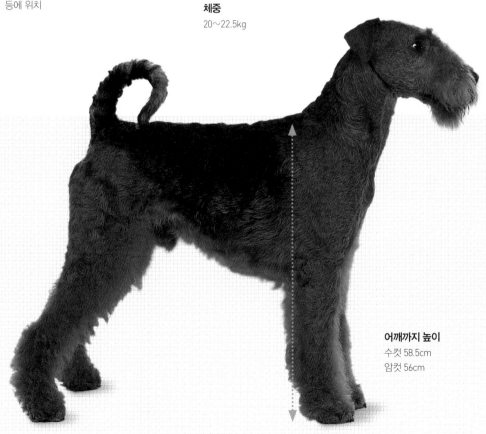

어깨까지 높이
수컷 58.5cm
암컷 56cm

저먼 숏헤어드 포인터GERMAN SHORTHAIRED POINTER

활발하고 의욕 넘치는 성격의 저먼 숏헤어드 포인터는 스포팅독이 가지는 특징을 모두 겸비하고 있다. 당연히 매일 충분한 운동이 필요하다. 이 친구는 가정에서도 잘 지내는 기민한 경비견이다. 저먼 숏헤어드 포인터는 잉글리시 포인터의 민첩성, 블러드하운드의 후각, 잉글리시 폭스하운드English Foxhound의 빠른 달리기 실력과 체력을 섞어놓은 녀석이다.

성격

훈련을 잘 받아들이는 친구다. 상당히 뛰어난 체력을 가지고 있어서 육지든 물이든 가리지 않고 능숙하게 사냥감을 물어 온다.

건강 관리

다른 대형견들처럼 고관절이형성증과 약한 앞다리 무릎 관절 때문에 문제가 생길 수 있다. 또 일부 혈통에서 간질이 발생하기도 한다. 강아지 때 과도한 운동은 관절에 장기적인 손상을 입힐 우려가 있으므로 주의해야 한다. 털 관리는 보통 수준이다. 털에 묻은 진흙은 마를 때까지 기다렸다가 브러시로 빗어내면 쉽게 제거할 수 있다.

보호자 팁

저먼 숏헤어드 포인터는 활동적이고 야외활동을 즐기는 유형의 반려자를 만나는 것이 좋다. 숏헤어드 포인터는 어린 시절 다른 개나 사람들과 세심하게 사회화되지 않으면 예민한 성견이 될 수 있다. 어릴 때 새로운 경험을 하도록 체계적으로 이끌어줘야 한다.

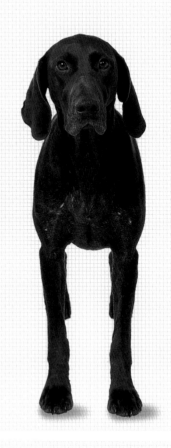

특징

체격이 좋은 견종으로 넓은 두상과 강한 다리를 가졌다. 두 가지 색이 섞인 경우, 몸 윗부분에 특정 색이 나타나며 몸 아랫부분은 거의 흰색이다. 짙은 색 털과 흰색 털이 뒤섞인 혼재된 색상도 드물지 않게 나타난다.

분류 S – 스포팅
북미, 영국, FCI 회원국

수명
12~16년

색상
적갈색, 적갈색–흰색 혼재

머리
신체 비율과 균형을 이루는 매끈한 두상

눈
중간 크기에 활달함과 똑똑함이 느껴지는 눈

귀
긴 귀는 입의 가장자리 높이까지 내려와야 함

가슴
깊고 탄탄함

꼬리
높이 올리고 탄탄함

체중
수컷 25~32kg
암컷 20.5~27kg

아이와의 친밀도

털 관리

목욕량

운동량

어깨까지 높이
수컷 58.5~63.5cm
암컷 53~58.5cm

헝가리안 비즐라HUNGARIAN VIZSLA

헝가리 중부 평야에서 뛰놀던 사냥개 비즐라는 자신이 태어난 환경에 알맞는 생김새를 하고 있다. 에너지가 넘치는 친구로 사냥에 적합하게 만들어졌다. 비즐라의 기원은 4세기 이상 거슬러 올라가며, 포인터처럼 새의 위치를 탐지하고 몰아내면 매가 낚아채는 식으로 짝을 이뤄 사냥하던 녀석이다. 19세기에 이르러 열 마리 남짓으로 개체수가 줄어들기도 했지만 살아남았다. 이후 제2차 세계대전 피난민들이 외국으로 데려간 덕분에 세계에 널리 알려졌다.

성격

비즐라의 표정은 유순한 기질을 잘 보여준다. 섬세하면서도 활발하고 적응력이 좋은 친구다.

건강 관리

혈우병을 앓는 경우가 있다는 기록이 있지만, 대개는 건강하다. 비즐라는 다른 사냥개와 달리 속털이 없어서 추위를 잘 탄다. 따라서 궂은 날씨에는 겉옷이 필요하다. 그루밍은 가끔 해주는 게 좋고 가끔 털이 긴 강아지가 태어나기도 한다.

보호자 팁

비즐라는 사냥개 중에서도 손꼽히는 다재다능함을 자랑한다. 사냥이 아니라도 공이나 원반 등 장난감을 찾아내거나 물고 돌아오는 놀이를 매우 좋아한다.

특징

매끈하고 윤기 나는 황금빛이 도는 적갈색 짧은 털에 큰 갈색 코와 눈이 특징이다. 근육질의 허벅지가 뒷다리를 탄탄하게 지탱한다.

분류 S – 스포팅
북미, 영국, FCI 회원국

수명
11~13년

색상
금빛을 띠는 적갈색 단색

머리
근육질 머리에 두꺼운 사각형 주둥이

눈
중간 크기

귀
비교적 길고 두개골에서 낮은 곳에 위치한 귀가 볼 근처에서 늘어짐

가슴
넓고 앞다리 무릎까지 내려옴

꼬리
뿌리가 굵고 수평에 가깝게 위치

체중
22~30kg

아이와의 친밀도

털 관리

운동량

운동량

어깨까지 높이
수컷 56~61cm
암컷 53~58.5cm

골든 리트리버GOLDEN RETRIEVER

세계에서 가장 인기 있는 강아지 순위에서 늘 빠지지 않는 골든 리트리버는 맹인 안내와 수색, 구조 작업 등 다양한 분야에서 활약하는 다재다능한 면모를 보인다. 골든 리트리버는 1864년 검은색 플랫 코티드 리트리버Flat Coated Retriever가 낳은 새끼들 중 '나우스Nous'라는 이름의 황금색 강아지를 토대로 만들어졌다. 이후 지금은 멸종된 트위드 워터 스패니얼 Tweed Water Spaniel과 교배시켜 혈통을 발전시키면서 특유의 금색을 갖게 되었다.

성격

충성스러운 성격과 높은 지능, 정이 많은 골든 리트리버는 매우 활발한 성격까지 겸비해 반려견, 특히 나이가 있는 아이들이 있는 집에 이상적인 친구로 인정받고 있다.

건강 관리

골든 리트리버은 여러 가지 유전질환을 가지고 있는데, 특히 시각에 영향을 미치는 질환들을 주의깊게 살펴볼 필요가 있다. 백내장을 비롯해 속눈썹이나 눈꺼풀에 여러 질환이 발생한다. 강아지를 들이기 전에 종견 단계에서 선별이 잘 이루어졌는지 확인할 필요가 있다.

보호자 팁

골든 리트리버는 비교적 훈련이 쉬운 편이지만 어린 강아지는 다소 산만한 경향이 있다. 개를 키워본 경험이 없다면 훈련소에 등록하여 기초 훈련을 배우는 편이 좋다. 성견은 오비디언스 대회와 어질리티 대회에서 두각을 나타내는 경우가 많다.

특징

쇼독은 밝은 털을 선호하는 편이며 장식털은 금색이 옅어진다. 겉털은 가라앉거나 살짝 웨이브가 있는 형태 모두 가능하며 빽빽한 속털은 추위를 효과적으로 막아준다.

분류 S – 스포팅
북미, 영국, FCI 회원국

수명
10~12년

색상
금색

머리
넓은 두상에 조금씩 뾰족해지는 쭉 뻗은 주둥이

눈
비교적 크고 움푹 들어감
눈동자는 짙은 갈색이 이상적

귀
짧은 귀가 눈 위쪽 뒤에 위치

가슴
넓고 잘 발달됨

꼬리
굵고 튼튼함
등선과 같거나 살짝 아래에 위치

체중
수컷 29.5~34kg
암컷 25~29.5kg

아이와의 친밀도

털 관리

모이량

운동량

어깨까지 높이
수컷 58.5~61cm
암컷 54.5~57cm

171

래브라도 리트리버LABRADOR RETRIEVER

래브라도 리트리버 역시 세계적으로 가장 인기 있는 견종 가운데 하나로 사람들과 함께 작업할 용도로 만들어졌다. 래브라도 리트리버의 조상은 원래 1830년대 뉴펀들랜드 지역의 어부들이 키우던 개다. 래브라도 리트리버는 힘이 세 그물을 당기는 작업을 도왔다. 지금도 수영을 매우 좋아하는 특성이 그대로 남아 있다. 맘즈버리 백작이 이름을 붙이고 영국에서 소개했다고 전해지며, 땅과 물을 가리지 않고 활약하는 사냥개가 되었다.

성격

래브라도 리트리버는 활발하고 의욕이 넘치는 녀석이다. 지능이 높고 반응성이 좋아 일반적으로 훈련이 간단하다. 다재다능해서 새로운 일을 가르쳐도 쉽게 배운다.

건강 관리.

래브라도 리트리버는 엉덩이 관절에 기형을 일으키는 고관절이형성증에 취약하다. 상당한 고통을 동반하기 때문에 반드시 해당 질환의 선별이 이루어진 종견으로부터 강아지를 들여야 한다. 식탐이 강한 편이라 비만 위험이 높다. 균형 잡힌 식단과 충분한 운동을 제공해야 한다.

보호자 팁

모든 래브라도 리트리버, 특히 강아지는 물에 뛰어들려는 욕구가 주체할 수 없을 정도로 강하다는 걸 유념해야 한다. 그러므로 장소에 따라서는 위험한 상황이 발생할 수도 있다. 래브라도 리트리버는 타고난 활발함을 자제시키는 훈련이 필요하다.

특징

넓고 두툼하며 비교적 짧은 꼬리가 특징이다. 물속에서 방향타 같은 역할을 하기 때문에 '수달 꼬리'라고 부르기도 한다. 특유의 윤기 나는 털은 짧지만 물을 잘 스며들지 않는다. 원래 색상은 검은색이었으나 오늘날 황색이 흔하며 초콜릿색도 눈에 띈다.

분류 S – 스포팅
북미, 영국, FCI 회원국

수명
10~12년

색상
황색, 검은색, 초콜릿색

머리
깔끔하고 넓음

눈
중간 크기에 둥근 모양

귀
두개골에서 뒤편 상당히 아래에 위치

가슴
깊이와 균형 있게 발달

꼬리
수달을 닮은 독특한 꼬리 모양

체중
수컷 29.5~36kg
암컷 25~32kg

아이와의 친밀도

털 갈림

목이량

운동량

어깨까지 높이
수컷 57~62cm
암컷 54.5~59.75cm

복서BOXER

복서는 매우 명랑한 성격을 지닌 것으로 알려져 있다. 복서라는 이름은 주인을 반기면서 뛰어오르거나 강아지들끼리 장난치듯 껴안을 때 앞다리가 움직이는 모양에서 유래했다. 복서는 워낙 원기 왕성한 친구라서 어린 자녀들보다는 십대가 있는 가정에 더 잘 어울린다. 1800년대 중반 독일에서 불렌바이저Bullenbeisser라는 사냥개와 잉글리시 불독을 교배해서 탄생했으며, 제1차 세계대전에서 메시지를 전달하면서 유명해진 후 반려동물로 인기가 높아졌다.

성격

복서는 매우 활발한 기질을 가졌으며 좋은 성격과 상당한 민첩성까지 타고난 친구다. 활동적인 성격이므로 폐쇄적인 생활 환경에 적합하지 않으며 산책할 수 있는 공원 등 충분한 공간을 필요로 한다.

건강 관리

어린 강아지 때 심장이나 순환기 질환에 시달릴 수 있다. 또한 각종 종양에 취약해서 몸에 이유 없이 부어오른 부분이 있거나 행동 변화가 관찰되면 종양의 가능성이 있으니 주의를 기울이고 살펴봐야 한다. 초기에 진단할 경우 치료 성공률도 비약적으로 높아진다.

보호자 팁

다른 견종과 비교가 되지 않을 정도로 활발하다. 그래서 이런 성향을 강아지 때 억누를 필요가 있다. 주둥이가 짧은 견종들의 특성상 열사병에 취약하므로 복서도 더운 여름에는 운동을 자제해야 한다.

특징

복서의 무릎 관절이 이루는 각도로 인해 뒷다리가 꼬리의 시작점보다 훨씬 뒤에 위치한다. 두 가지 색인 경우 흰색 무늬는 주둥이와 가슴 부위가 주위로 비교적 일정하게 나타나지만 털 전체의 1/3 이상이 흰색이어서는 안 된다.

분류 W – 워킹
북미, 영국, FCI 회원국

수명
9~11년

색상
옅은 황갈색, 줄무늬
흰색 무늬가 있을 수 있음
흰색 복서도 존재하지만 견종 표준에서 인정하지 않음

머리
넓은 두상에 코끝으로 갈수록 높아지는 주둥이

눈
크고 짙은 갈색 눈동자

귀
두개골에서 높은 곳에 위치한 중간 크기의 귀가 볼 위에 위치

가슴
넓고 두꺼움

꼬리
꼬리가 넓고 몸통에서 멀어지는 모양

체중
27~32kg

아이와의 친밀도

털 관리

모이량

활동량

어깨까지 높이
수컷 58.5~63.5cm
암컷 54.5~59.75cm

테뷰런TERVUREN

테뷰런은 벨지언 셰퍼드 독Belgian Shepherd Dog에 속한 네 종류의 견종 중 하나다. 다른 벨지언 셰퍼드 독 중 하나인 그로넨달Groenendael은 북미에서 벨지언 쉽독Belgian Sheepdog으로 불리고 있는데, 테뷰런이 여기서 갈라져 나온 견종으로 보고 있다. 그 외 벨지언 라케노와Belgian Laekenois와 숏헤어 타입인 벨지안 말리노와Belgian Malinois도 별개의 견종으로 분류되고 있다. 테뷰런이란 이름은 이 친구가 처음 탄생한 벨기에의 어느 마을에서 유래했다. 북미에는 1918년에 들어왔지만 1954년이 되어서야 처음 번식에 성공했다.

성격

테뷰런은 작업 능력이 뛰어난 친구로 학습 능력이 뛰어나 도그쇼와 어질리티 대회 모두 좋은 성적을 거두고 있다. 또 경찰과 함께 경비견으로 활약하기도 한다.

건강 관리

유전질환으로 간질이 보고되었지만 뇌파검사로 어릴 때 조기 진단할 수 있다. 털이 길고 빽빽하지만 털 관리가 쉬운 편이다.

보호자 팁

사냥개로 유명한 테뷰런은 독립적이고 의지가 강해 충분한 훈련이 필요하다. 하지만 주인에게 보여주는 충성심만큼은 테뷰런만한 녀석도 없다.

특징

테뷰런은 밝은 색 털 끝자락이 검게 물들어 있는데, 이러한 특징은 수컷에서 더 두드러진다. 신체에서 완전히 검은 부분은 얼굴과 발톱뿐이다.

분류 He – 허딩
북미, 영국, FCI 회원국

수명
10~12년

색상
옅은 황갈색에서 적갈색 음영이며 검정색이 섞임
희귀하지만 은색에 검은색이 섞인 색상도 존재

머리
두개골과 비율이 잘 맞는 주둥이 길이
주둥이는 두꺼운 편

눈
중간 크기의 살짝 아몬드형
눈동자는 짙은 갈색

귀
두개골에서 높은 곳에 위치하고 쫑긋한 귀는 정삼각형에 가까움

가슴
깊음

꼬리
휴식 중일 때 아래로 내림
이동 시 등 높이까지 올라감

체중
25~29.5kg

아이와의 친밀도

털 관리

운동량

어깨까지 높이
수컷 61~66cm
암컷 56~61cm

저먼 와이어헤어드 포인터GERMAN WIREHAIRED POINTER

저먼 러프헤어드 포인터German Rough-haired Pointer라고도 불리며 가까운 핏줄인 숏헤어드 타입과는 별개의 종이다. 숏헤어드 타입보다 일반적으로 느리고 눈치가 빠르지 않지만 다재다능하고 적응력이 좋은 사냥개다. 정확한 기원은 불분명하지만 저먼 숏헤어드 포인터과 프렌치 그리폰French Griffon, 에어데일 테리어, 푸델포인터Pudelpointer 등 여러 견종과 교배되어 저먼 와이어헤어드 포인터 특유의 외모를 형성한 것으로 추정된다.

성격

저먼 와이어헤어드 포인터는 모르는 사람에게는 무관심한 것으로 유명하지만, 가족과 아는 사람에게는 충성스럽고 다정하다. 어린 강아지는 의욕이 넘치고 일반적으로 학습 능력이 뛰어나다.

건강 관리

저먼 와이어헤어드 포인터는 고관절이형성증이 올 수 있다. 그래서 이 친구를 가족으로 맞이하기 전에 종견 단계에서 잘 선별되었는지 확인해야 한다. 기저질환인 관절염으로 절뚝거리는 증상을 보이기도 한다. 저먼 와이어헤어드 포인터 특유의 털은 야외에서 부상 방지에 효과적이다.

보호자 팁

저먼 와이어헤어드 포인터는 봄에 두터운 속털이 빠지는데, 이때는 당분간 그루밍에 훨씬 더 긴 시간을 할애해야 한다. 하지만 일반적인 털 관리는 간단한 편이다. 개가 수영을 하거나 물속에서 놀 때 뻣뻣한 상층부의 털이 방수층처럼 작용하므로 몇 번만 몸을 털면 금방 털이 마른다.

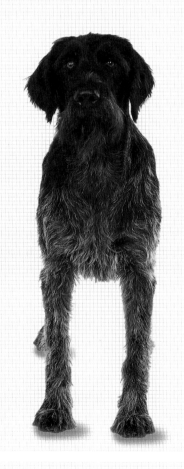

특징

거친 수염털이 머리와 귀 주변의 짧은 털과 대비되어 도드라진다. 쇼독의 경우 뻣뻣한 질감을 가진 털은 몸에 착 붙어있어야 하며 길이가 5㎝를 넘어선 안 된다.

분류 S – 스포팅
북미, 영국, FCI 회원국

수명
11~13년

색상
적갈색, 적갈색에 흰색

머리
비교적 길고 넓은 두상

눈
중간 크기의 타원형에 갈색 눈동자
눈썹털이 눈을 보호함

귀
둥근 귀가 머리와 가깝게 늘어짐

가슴
깊음

꼬리
시작 부위가 높음
수평에 가깝게 위치하며 집중 시 더 높이 올림

체중
22.5~34kg

아이와의 친밀도
털 관리
운동량
운동량

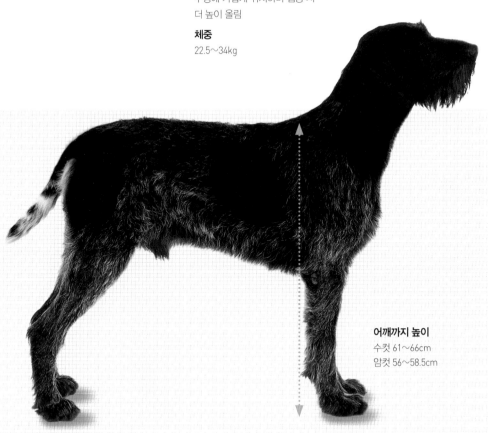

어깨까지 높이
수컷 61~66cm
암컷 56~58.5cm

플랫 코티드 리트리버FLAT COATED RETRIEVER

뉴펀들랜드 출신의 래브라도 리트리버의 조상뻘인 세인트 존스 독St John's Dog을 여러 종의
세터와 교배해서 나온 강아지들이 플랫 코티드 리트리버의 근간이다. 이렇게 탄생한 사냥
개는 한동안 웨이비 코티드 리트리버로Wavy Coated Retriever로 불렸지만, 세터의 특징이 점점
사라지면서 이름도 바뀌게 된다. 오늘날 플랫 코티드 리트리버를 온전히 반려견으로 키우
는 경우는 거의 없다. 사냥 능력에서 특히 높은 평가를 받고 있다.

성격

붙임성이 좋고 사람에게 호의적인 플랫 코티드 리트리
버는 야외에서 부지런히 뛰어다니지만 집에서는 얌전
한 녀석이다. 타고난 지능이 높아서 학습 능력이 뛰어
나고, 빠른 적응력과 다정함을 자랑한다.

건강 관리

플랫 코티드 리트리버는 일반적으로 건강한 견종이지
만 노령견은 골종양에 취약하다.

보호자 팁

플랫 코티드 리트리버는 매일 정기적인 운동을 할 수
없는 도시 공간에서 잘 지내지 못한다. 성견이 되면 다
른 종들보다 암컷과 수컷의 생김새에 큰 차이가 있음
을 유념하고 강아지를 골라야 한다. 수컷은 가슴에 갈
기털이 더 풍성하게 나 있다.

특징

플랫 코티드 리트리버의 가장 매력적인 특징은 몸에 착 붙으면서 윤기가 나는 털이다. 털은 방한성이 좋고 다리와 꼬리에 장식털이 풍부하다. 토끼나 오리 같은 사냥감을 물어오기 좋게 커다란 머리를 가지고 있다. 근육질의 뒷다리 덕분에 수영도 능숙해 육지와 물에서 모두 자유롭게 움직인다.

분류 S – 스포팅
북미, 영국, FCI 회원국

수명
11~13년

색상
검은색 단색이나 적갈색 단색

머리
편평한 두상에 길고 두꺼운 강력한 주둥이

눈
중간 크기의 아몬드형에 갈색빛 눈동자

귀
장식털이 달린 작은 귀가 비교적 두개골에서 높은 곳에 위치

가슴
깊음

꼬리
비교적 쭉 뻗고 말리지 않음
꼬리 위치가 등 높이보다 많이 높아지지 않음

체중
27~32kg

아이와의 친밀도

털 관리

목욕량

운동량

어깨까지 높이
수컷 58.5~62cm
암컷 56~60cm

잉글리시 세터ENGLISH SETTER

'세터'라는 이름은 '자세를 잡는 스패니얼setting spaniel'이라는 표현에서 유래한 것으로, 이 사냥개는 사냥감을 포착하면 새들을 놀라게 해 날려 보내지 않고 조용히 앉아 뛰쳐나갈 준비 자세를 취한다. 잉글리시 스프링거 스패니얼, 워터 스패니얼Water Spaniel, 스패니시 포인터 Spanish Pointer 등 여러 견종이 잉글리시 세터가 만들어지는 과정에 일조했다. 잉글리시 세터는 여러 혈통이 퍼져 있는데, 에드워드 레버랙 경Sir Edward Laverack이 1825년에 만들어낸 혈통이 가장 유명하다.

성격

잉글리시 세터는 체력과 성격이 매우 좋은 사냥개로, 운동량만 충족시킬 수 있다면 반려견으로도 훌륭하다. 특히 지능이 높고 학습 능력이 뛰어나다.

건강 관리

고관절이형성증 등 여러 가지 유전질환이 발생할 수 있어 종견 단계에서의 선별이 필수적이다. 희귀 유전질환 중 하나로 열성 유전자가 일으키는 소아흑내장성 백치가 있다. 이 병에 걸린 세터는 12~15개월령에 시력이 떨어지고 일부 근육에 경련이 일어난다. 나중에는 발작을 일으킨다.

보호자 팁

잉글리시 세터는 도시 생활에 잘 적응하지 못한다. 잉글리시 세터는 마음껏 달릴 공간이 필요하므로 전원 환경이 이상적이다. 지루함을 느끼면 집안 기물을 파괴하는 경향이 있다.

특징

이 친구는 한번 보면 잊히지 않는 털을 두르고 있다. 흰색 털 위에 짙은 색 털이 덧입혀져 '벨튼belton'이라는 반점 무늬를 형성한다. 가슴과 등, 다리 뒤쪽, 신체 하부, 꼬리 아래쪽은 풍성한 장식털을 자랑한다. 늘어진 귀에도 장식털이 있다.

분류 S – 스포팅
북미, 영국, FCI 회원국

수명
10~12년

색상
흰 바탕에 레몬색, 흰 바탕에 적갈색, 흰 바탕에 검은색, 세 가지 색 혼합, 청색 벨튼에 황갈색 무늬

머리
길고 홀쭉한 두상

눈
비교적 크고 짙은 갈색 눈동자

귀
눈과 같은 높이 또는 아래쪽 두개골 뒤쪽에 위치

가슴
앞다리 무릎까지 내려온 깊은 가슴

꼬리
등선에서 쭉 뻗은 모양 쭉 뻗었고 등 높이와 같음

체중
25.5~30kg

아이와의 친밀도

털 관리

목욕량

운동량

어깨까지 높이
수컷 63.5cm
암컷 61cm

콜리COLLIE

콜리는 털이 긴 러프 코티드와 털이 짧은 스무스 코티드, 두 가지 타입이 존재한다. 별개의 종으로 분류하기도 하지만 차이점은 사실상 털 길이밖에 없다. 콜리의 조상은 2,000년 전 영국에 로마인들이 들여온 목양견으로 추정되며, 후일 보르조이와 교배되어 더욱더 우아한 윤곽과 긴 다리를 갖게 되었다. 빅토리아 여왕이 특히 좋아했던 친구로 유명하며, 러프 콜리는 미국 영화와 드라마 〈래시〉에서 주인공으로 등장하면서 큰 인기를 누렸다.

성격

반응성이 좋고 다정한 콜리는 주인과 매우 강한 유대감을 형성하며 에너지가 넘친다.

건강 관리

콜리는 여러 가지 눈 질환이 발생하기 쉽다. 얼룩무늬 콜리끼리 교배했을 때 태어나는 강아지는 평균적으로 넷 중 하나가 정상보다 눈이 작고 제 기능을 하지 못해 앞을 보지 못한다.

보호자 팁

러프 콜리는 상당한 그루밍이 필요하며, 특히 겨울에 풍성했던 털이 봄에 많이 빠진다. 훈련이 쉬운 편이지만 강한 목양 본능이 남아 있으므로 다른 가축과는 거리를 둬야 한다.

특징

러프 콜리는 길게 뻗친 억센 겉털을 가진 반면, 스무스 콜리는 털이 매끈하여 몸의 외형이 훨씬 더 두드러진다. 검은색과 흰색 털이 뒤섞여 회색빛 느낌이 나는 청색 얼룩무늬 색상이 흔하다.

분류 He – 허딩
북미, 영국, FCI 회원국

수명
12∼14년

색상
흰색, 청색 얼룩무늬, 세 가지 색 혼합, 세이블에 흰색

머리
호리호리한 쐐기형 두상에 점점 뾰족해지고 끝이 뭉툭한 주둥이

눈
중간 크기의 아몬드형이며 비스듬하게 위치

귀
머리와 어울리는 크기
경계 시 귀가 많이 펴짐

가슴
앞다리 무릎까지 내려온 깊은 가슴

꼬리
중간 길이의 꼬리를 아래로 내림
절대로 등 위로 올리지 않음

체중
수컷 27∼32kg
암컷 22.5∼29.5kg

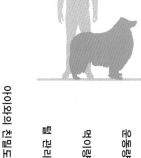

아이와의 친밀도

털 관리

목욕량

운동량

어깨까지 높이
수컷 61∼66cm
암컷 56∼61cm

저먼 셰퍼드 독GERMAN SHEPHERD DOG

저먼 셰퍼드 독은 제1차 세계대전과 제2차 세계대전으로 독일에 대한 반감이 심해져 한동안 고향인 알자스 로렌의 지명을 따 '알사시안Alsatian'으로 불리던 시기도 있었다. 이 친구는 등이 쭉 뻗어 있고 키가 크며 측면에서 사각형으로 보이는 목양견을 토대로 만들어졌다. 우리에게 익숙한 셰퍼드의 현재 외모는 1890년대부터 막스 폰 스테파니츠 대위Captain Max von Stephanitz가 집중적으로 품종을 개량한 끝에 탄생했다.

성격

살짝 내성적이지만 당당한 성격의 저먼 셰퍼드는 충성스럽고 매우 높은 지능을 자랑하는 친구로 학습 능력이 뛰어나다. 경찰이나 군대에서 자주 활용하지만 믿음직스럽고 반응성이 좋아 안내견으로 활약하는 경우도 많다.

건강 관리

고관절이형성증에 주의해야 한다. 일반적으로 종견의 선별이 이루어지지만 입양하기 전에 어미개의 상태를 꼭 확인해야 한다. 장기간 소화불량을 앓는다면 췌장 질환일 가능성이 있다.

보호자 팁

저먼 셰퍼드는 반응성이 손에 꼽힐 정도로 좋은 녀석이지만 훈련에 충분한 시간을 투자할 수 있는 사람만 키우는 것이 좋다. 빽빽한 이중모는 정기적인 그루밍이 필요하며, 특히 일 년에 두 번 털갈이를 하는 시기에는 더욱 손이 많이 간다.

특징

쇼독의 경우, 우아하게 아래로 휘어지는 저 먼 셰퍼드의 등선은 측면에서 봤을 때 뾰족한 귀 끝에서 꼬리 끝까지 한 번에 이어져야 한다. 걸을 때 힘이 들어가지 않는 빠른 걸음걸이로 다리를 내딛는 보폭이 커야 한다.

분류 He – 허딩
북미, 영국, FCI 회원국

수명
10~12년

색상
모든 색상 가능(흰색은 도그쇼에 참가할 수 없음)

머리
머리에서 주둥이까지 긴 쐐기 모양이며 스톱이 없음

눈
아몬드형이며 살짝 비스듬하게 위치

귀
중간 정도로 뾰족하고 쫑긋한 귀가 머리 크기와 조화를 이룸

가슴
깊음

꼬리
꼬리 기준 가상의 수직선을 절대 넘어서 말리지 않음
휴식 중일 때는 세이버 칼 모양

체중
34~43kg

아이와의 친밀도

털 관리

운동량

어깨까지 높이
수컷 61~66cm
암컷 56~61cm

바이마라너WEIMARANER

특유의 은회색 털을 가진 이 우아한 사냥개는 본디 귀족들의 전유물이었을 정도로 귀한 대접을 받았던 친구다. 바이마라너는 지금도 세계적으로 탄탄한 팬층 확보하고 있다. 이 친구는 1810년 무렵 독일 바이마르 공국의 궁전에서 카를 아우구스트 대공Grand Duke Karl August의 손에서 탄생했다. '궁극의 사냥개'를 만들고자 했던 카를 아우구스트 대공은 독일 포인터에 블러드하운드의 후각 능력, 프랑스 하운드의 빠른 속도와 높은 체력을 더했다. 원래 바이마라너는 곰이나 멧돼지 같은 위험한 대형 포유류를 사냥하는 데 동원되었지만, 유럽에서 사냥할 동물이 점점 사라지면서 조렵견으로 바뀌었다.

성격

바이마라너는 사냥개이자 반려견으로 만들어진 견종이다. 충성스럽고 붙임성 있으며 적응력이 뛰어나 육지 사냥과 물에서 사냥감을 물어오는 작업 모두 가능하다.

건강 관리

강아지의 배꼽 주변에 부풀어 오른 부위가 보인다면 해당 위치에 탈장을 의심해봐야 한다. 또한 피부 질환에 취약해 피부를 반복적으로 긁거나 깨물면 주의깊게 살펴야 한다. 기생충이나 음식물 알레르기가 관찰되기도 한다.

보호자 팁

바이마라너는 안전한 마당과 충분히 넓은 주위 환경이 필요하다. 강아지는 훈련을 잘 받아들이는 편이다. 그루밍 장갑을 사용하면 털에 윤기를 내기 좋다.

특징

바이마라너는 매끈하고 윤기 나는 은회색 털만 가지고 있는 것이 아니다. 눈동자도 호박색에서 회색 또는 청회색까지 다양하다. 앞다리는 튼튼하고 쭉 뻗어 있으며 근육이 잘 발달한 뒷다리로 힘들이지 않는 듯한 걸음걸이를 보여준다.

분류 S – 스포팅
북미, 영국, FCI 회원국

수명
11~13년

색상
은회색에서 짙은 회색

머리
비교적 긴 두상만큼이나 긴 주둥이

눈
적당한 미간

귀
길고 살짝 접힌 귀가 두개골에서 높은 곳에 위치

가슴
깊고 근육이 잘 발달됨

꼬리
이동 시 수직에 가깝게 올리며 자신감이 엿보임

체중
32~39kg

아이와의 친밀도

털 관리

목욕량

운동량

어깨까지 높이
수컷 63.5~68.5cm
암컷 53~63.5cm

로트바일러ROTTWEILER

로트바일러는 지능이 높고 반응성이 좋지만 강력한 힘을 가진 녀석이라 언제든지 제어할 수 있는 사람만이 잘 키울 수 있다. 이 친구는 영역 본능이 강해 모르는 대상이 당신의 영역에 들어오는 것을 용납하지 않는다. 그러므로 첫 대면 시 깊은 주의가 요구된다. 독일 남서부 지방에 위치한 로트바일에서 이름이 유래한 로트바일러는 고대 마스티프와 해당 지역의 목양견을 교배시켜 탄생한 것으로 보고 있다.

성격

의지가 강하고 위풍당당한 로트바일러는 도전을 받았다고 느끼면 본능적으로 자신의 영역을 지키려 한다. 이 친구는 반려인에게 깊이 헌신하는 성격으로 훈련도 긍정적으로 받아들인다.

건강 관리

로트바일러는 안쪽으로 뒤집힌 눈꺼풀이 안구와 접촉해 자극을 주는 안검내반이 발생할 수 있다. 또 당뇨병에도 취약하다. 관련된 증상으로 체중 감소, 지속적인 허기와 갈증 등이 관찰된다.

보호자 팁

로트바일러는 본능적으로 지배 성향이 강하고 힘이 매우 센 녀석이라 강아지 때부터 철저히 훈련시켜야 한다. 강아지 훈련 프로그램을 통한 사회화로 얻는 이점이 많은 견종이기도 하다. 반응성이 좋은 성격으로 자란 로트바일러는 훌륭한 반려견이 되어줄 것이다. 털 관리는 최소한으로 충분하다.

특징

로트바일러는 짧게 뻗치고 가라앉은 털을 가졌다. 색상은 대부분 검은색에 특유의 적갈색 무늬가 있다. 이 무늬는 양쪽 눈 위, 볼, 주둥이 측면, 양쪽 가슴 측면, 앞다리 아래쪽에 반드시 위치해야 하며 뒷다리 아래쪽도 상당 부분 같은 색이어야 한다.

분류 W – 워킹
북미, 영국, FCI 회원국

수명
10~12년

색상
은색 바탕에 적갈색 무늬

머리
귀 사이가 넓은 중간 길이의 두상에 강력한 주둥이

눈
아몬드형에 짙은 갈색 눈동자

귀
중간 크기의 삼각형 귀가 앞쪽으로 늘어짐

가슴
깊고 넓은 근육질

꼬리
등선이 연장된 듯한 위치에서 시작됨
수평보다 위로 올라갈 수 있음

체중
41~50kg

아이와의 친밀도 | 털 관리 | 운동량 | 활동량

어깨까지 높이
수컷 61~68.5cm
암컷 56~63.5cm

고든 세터GORDON SETTER

고든 세터는 특유의 색상 때문에 '블랙 앤 탄Black and Tan Setter'이라고도 한다. 고든 세터라는 이름은 리치먼드 앤 고든 공작이 자신의 스코틀랜드 영지인 밴프셔에서 1820년 이 친구를 처음 탄생시킨 것에서 유래되었다. 공작은 잉글리시 세터보다 더 거친 환경에서도 자고 새나 멧도요 등의 사냥감을 잡아올 수 있는 세터를 원했다. 그래서 고든 세터는 잉글리시 세터보다 민첩성은 조금 떨어지지만 더 크고 강력해졌다. 고든 세터는 1800년대 후반에 인기가 높았으나 오늘날에는 인기가 그리 많지 않다. 매력 있고 다정한 성격임에도 불구하고 인기가 떨어져 안타까운 견종이다.

성격

사냥 실력이 뛰어나고 가족 구성원에게 매우 헌신적인 고든 세터는 외부인에게 그다지 마음을 주지 않는 기민한 경비견이다. 지능이 높고 자신감이 넘친다. 특히 훈련할 때 사람이나 장소를 기억하는 능력이 놀라울 정도다.

건강 관리

고든 세터에게 종종 발생하는 유전질환인 진행성망막위축증은 치료가 불가능해서 결국, 실명에 이른다. 해당 질환을 가진 개체는 종견 단계에서 선별되어야 한다.

보호자 팁

고든 세터는 다른 세터 계열보다 일반적으로 훨씬 더 에너지가 넘친다. 그러므로 이 친구를 입양할 생각이라면, 매일 장시간 산책할 각오를 하고 데려와야 한다.

특징

현재는 검은색에 황갈색이 유일한 색상이지만, 원래는 검은색에 흰색이나 적색에 흰색 같은 두 가지 색상 혼합이나, 검은색에 황갈색과 흰색 같은 세 가지 색상도 존재했다. 고든 세터의 윤기 나는 털은 살짝 웨이브가 있는 편이고 콧구멍이 커 냄새를 잘 맡는다.

분류 S – 스포팅
북미, 영국, FCI 회원국

수명
11~13년

색상
검은색 바탕에 황갈색 무늬

머리
두상이 두껍고 길지만 주둥이가 뾰족하지 않음

귀
두개골 낮게 위치한 큰 귀가 머리와 가깝게 있음

눈
타원형에 짙은 갈색 눈동자

가슴
깊지만 그리 넓지는 않음

꼬리
짧고 점점 가늘어짐
수평 혹은 수평에 가깝게 위치

체중
수컷 25~36kg
암컷 20.5~32kg

아이와의 친밀도 · 털 관리 · 운동량 · 활동량

어깨까지 높이
수컷 61~68.5cm
암컷 58.5~66cm

알래스칸 맬러뮤트ALASKAN MALAMUTE

이 강력한 썰매개는 지배 성향이 있는 편이라 이전에 반려견을 키운 경험이 많은 보호자에게 어울린다. 북쪽 지방 출신인 다른 견종들과 마찬가지로 알래스칸 맬러뮤트는 짖기보다는 주로 하울링으로 의사소통을 한다. 맬러뮤트는 원래 알래스카 북서부 이누이트 중 마흘레뮷Mahlemut 족이 키우던 견종으로 그 역사가 매우 길다. 알래스칸 맬러뮤트는 자동차가 출현하기 훨씬 전부터 북쪽의 얼어붙은 불모지를 달리는 핵심적인 운송수단으로 활약했다. 최근 개썰매 대회가 스포츠로 발전하면서 알래스칸 맬러뮤트의 국제적인 인기도 덩달아 높아졌다.

성격

자기 의지가 매우 강한 알래스칸 맬러뮤트는 팀을 이루어 움직이지만, 늑대처럼 무리 내에서 확실한 위계 질서를 형성한다. 그 결과 특정 수컷이 다른 녀석들에게 더 공격적인 경우가 종종 발생한다.

건강 관리

알래스칸 맬러뮤트의 여러 가지 유전질환 중 하나로 짧은 다리의 강아지가 태어나는 유전성 왜소증이 있다. 그 외에도 유전적 신장 질환이나 빛이 밝을 때 앞을 보지 못하는 눈 질환을 앓는 경우가 있다.

보호자 팁

엄청난 힘을 지니고 있어서 어린 시절부터 주인 명령에 복종하는 법을 반드시 가르쳐야 한다. 수컷은 태생적으로 더 공격적이고 지배적인 성향을 보인다는 점을 유념해야 하며 중성화를 권장한다.

특징

알래스칸 맬러뮤트는 썰매를 끌기 좋은 강한 어깨, 폐활량 좋은 깊은 가슴, 강인한 다리에 두터운 발바닥 등 탄탄한 신체를 가지고 있다. 그리고 알래스칸 맬러뮤트는 복슬복슬한 속털이 최대 5cm까지 자라 비바람으로부터 몸을 보호해준다.

분류 W – 워킹
북미, 영국, FCI 회원국

수명
10~12년

색상
흰색 단색
음영은 회색에서 검은색,
세이블에서 적색

머리
크고 넓은 두상에 강력한 주둥이

눈
중간 크기의 아몬드형에 갈색
눈동자

귀
적당한 간격에 주로 쫑긋한 끝이
둥근 귀

가슴
깊고 탄탄함

꼬리
장식털이 달린 듯한 풍성한 털
휴식 중일 때 앞쪽에 위치

체중
수컷 38.5kg
암컷 34kg

아이와의 친밀도

털 관리

운동량

어깨까지 높이
수컷 63.5cm
암컷 58.5cm

블러드하운드 BLOODHOUND

블러드하운드라는 이름만 봐도 오래된 혈통을 자랑한다는 걸 짐작할 수 있다. 얌전한 성격으로 주인과 매우 친밀한 관계를 형성한다. 이 친구는 7세기에 최초의 기록이 남아 있는 고대의 개 세인트 허버트 하운드St Hubert Hound의 후손이다. 블러드하운드의 놀라운 추격 능력을 갖고 있어서 과거에는 부상을 입은 사슴의 위치를 파악하는 용도로 쓰였다. 최근에는 사고현장 등에서 인명 구조에 활용된다.

성격

활발하고 붙임성 있지만 자기주장이 강한 블러드하운드는 갓 태어난 강아지도 냄새에 대한 관심을 떨치지 못할 정도다. 기록에 따르면 희미한 자취만으로 220㎞까지 쫓아갔다고 전해진다.

건강 관리

머리에 잡힌 주름에 가끔 감염이 발생하므로 해당 부위를 잘 씻어줄 필요가 있다. 눈꺼풀 또한 감염의 우려가 있는 부위다. 블러드하운드는 눈꺼풀이 뒤집히는 안검외반과 눈꺼풀이 눈 표면을 자극하는 안검내반이 모두 발생한다. 양쪽 모두 수술적 교정이 필요한 경우가 많다.

보호자 팁

장거리 산책이 가능하다면 블러드하운드는 다정한 반려견이 되어줄 것이다. 이 친구는 숲속에서 목표물을 발견했을 때, 주인에게 짖어서 알리는 소리가 아주 근사하다. 그루밍은 최소한으로 충분하다.

특징

몸 전체가 황갈색에 안장 모양의 검은 무늬가 등에 있는 형태가 많다. 귀는 매우 길게 늘어져 있으며 특유의 넓은 코는 냄새를 탐지하기 좋다.

분류 H – 하운드
북미, 영국, FCI 회원국

수명
10~12년

색상
검은색에 황갈색, 적갈색에 황갈색, 적색

머리
길지만 비교적 폭이 좁은 두상에 느슨하게 주름진 피부

눈
적절히 움푹함
눈동자는 주로 녹갈색이 선호됨

귀
두개골에서 낮은 곳에 위치한 귀가 머리 측면에서 접힘

가슴
앞다리 사이로 내려와 용골 같은 윤곽을 형성

꼬리
꼿꼿이 세우고 삼쉬르 모양으로 휘어짐

체중
수컷 41~50kg
암컷 36~45.5kg

아이와의 친밀도

운동량

목이람

털 관리

어깨까지 높이
수컷 63.5~68.5cm
암컷 58.5~63.5cm

호바와트 HOVAWART

호파바르트라고 읽기도 하는 이 이름은 '농장 파수꾼'이라는 뜻을 가지고 있다. 13세기부터 기록이 남아 있는 이 녀석은 독일에서 주로 농장 감시견으로 활용되었다. 하지만 20세기 초 호바와트는 사실상 멸종되다시피 했는데, 레온버거Leonberger와 저먼 셰퍼드 독 등 여러 견종을 조합한 끝에 재탄생시키는 데 성공한다. 충성스럽고 기민한 성격으로 가정용 반려견으로 갈수록 인기가 높아지고 있다.

성격

다정하고 충성스러운 호바와트는 사역견보다 반려견으로 키우는 경향이 많지만, 아직도 보호본능을 고스란히 간직하고 있다. 훈련이 쉽고 의외로 장난기가 넘치는 녀석이라 아이들과도 잘 어울린다.

건강 관리

원인 불명의 체중 증가와 기력 저하가 보인다면 갑상선 호르몬 분비가 부족한 갑상선기능저하증을 의심해봐야 한다. 대개 완치가 가능하다. 그루밍은 정기적으로 해줄 필요가 있다.

보호자 팁

활동적인 녀석이므로 충분한 운동이 필요하다. 운동할 만한 공간이 비교적 적은 도시 환경에 거주한다면, 호바와트에 선택지에서 제외하는 것이 좋다. 하지만 정기적으로 한적한 시골길을 길게 산책할 수 있다면, 호바와트도 잘 지낼 수 있으며 놀라운 후각 능력으로 반려인에게 즐거움을 선사할 것이다.

특징

호바와트는 플랫 코티드 리트리버를 닮아 사냥개에 가까운 생김새를 가졌다. 겉털은 길고 속털은 살짝 웨이브가 있을 수 있다. 앞다리 뒤쪽으로 독특한 장식털이 있다.

분류 W – 워킹
FCI 회원국

수명
10~12년

색상
검은색, 금색, 검은색에 금색

머리
튼튼한 두상에 비교적 넓은 주둥이

눈
중간 크기의 타원형에 짙은 눈동자

귀
늘어진 삼각형 귀가 머리 뒤쪽을 향함

가슴
깊고 탄탄함

꼬리
등선 바로 아래에서 시작되어 뒷무릎 관절 아래까지 뻗어나옴 장식털이 풍부하며 경계 시 위로 올림

체중
수컷 30~40kg
암컷 25~35kg

어깨까지 높이
수컷 63.5~70cm
암컷 58.5~64.75cm

버니즈 마운틴 독 BERNESE MOUNTAIN DOG

버니즈 마운틴 독은 스위스 알프스산맥에 위치한 베른 지역에서 수백 년 동안 살아왔다. 이 친구는 가축을 지키던 개와 마스티프를 교배해 탄생했다. 사역견으로서 다재다능한 면모를 자랑한다. 우유 등의 농축산물을 실은 수레를 치즈 공장으로 끌고 가는 모습으로 사람들에게 유명하다. 1890년대에 접어들면서 개체수가 급감했지만 버니즈 마운틴 독을 사랑하는 몇몇 사람들의 헌신적인 노력 덕분에 이 매력적인 친구는 살아남았다.

성격

버니즈 마운틴 독은 다른 강아지들을 잘 받아들여서 가정용 반려견으로 훌륭하다. 장난이 심한 아이들과도 잘 놀 정도로 상당한 인내심을 보여주는 경우가 많다. 훈련도 쉬운 편이다.

건강 관리

이따금 파란색 눈을 가진 강아지가 태어나는데, 반려견으로는 문제가 없지만 도그쇼에서는 실격 요소로 작용한다. 그 외 간간이 나타나는 유전질환으로 입천장이 갈라지는 구개열이나 입술이 갈라지는 구순열이 어린 강아지에게서 보인다.

보호자 팁

버니즈 마운틴 독 역시 충분한 운동이 필요하다. 평소 걸음걸이가 성인의 일반적인 걸음보다 빠르다. 이 녀석을 키우는 사람 중 일부는 지금도 전통 방식에 따라 수레를 끄는 훈련을 시키기도 한다. 털이 길지만 비교적 간단한 그루밍으로 윤기 나는 털을 유지할 수 있다.

특징

버니즈 마운틴 독은 살짝 웨이브가 있는 긴 털과 큰 몸집을 지니고 있는데, 이것이 다른 스위스 태생의 견종들과 구분되는 점이다. 이 견종에서 보이는 특유의 무늬로 양쪽 눈 위에 위치한 적갈색 반점과 이마에서 주둥이까지 내려온 흰색 줄무늬가 있다. 발과 가슴에 난 털은 흰색이어야 하며 가슴팍에 넓은 십자가 무늬를 형성한다.

분류 W - 워킹
북미, 영국, FCI 회원국

수명
10~12년

색상
세 가지 색 혼합: 흰색, 검은색에 적갈색 무늬를 형성

머리
넓은 두상에 쭉 뻗은 강한 주둥이

눈
타원형에 짙은 눈동자

귀
끝이 둥근 삼각형 귀

가슴
앞다리 무릎까지 내려온 깊은 가슴

꼬리
복슬복슬한 꼬리를 아래로 내리고 절대로 등 위로 올리지 않음

체중
38.5~41kg

아이와의 친밀도

털 관리

운동량

사육량

어깨까지 높이
수컷 63.5~70cm
암컷 58.5~66cm

포인터POINTER

이 사냥개는 새들이 숨어 있는 덤불을 정확하게 포착한 후 짖지 않고 사냥감을 가리키며 동작을 멈추는, 일명 포인팅 자세를 취하는 것이 특징이다. 잉글리시 포인터는 유럽 태생 포인터의 후손임이 거의 확실시되고 있으며, 그중에서도 1813년 영국에 들여온 올드 스패니시 포인터Old Spanish Pointer의 후손으로 추정된다. 폭스하운드, 혹은 그레이하운드와의 교배를 거쳐 달리기 실력이 좋아지고, 블러드하운드의 피도 섞여 포인터의 후각 능력도 향상되었다.

성격

붙임성 있고 기민하며 눈치가 빠른 포인터는 훈련이 쉽고 사람들과 협력하여 사냥하는 것을 즐긴다. 상당한 체력과 민첩성의 소유자다.

건강 관리

포인터에게 발생하는 유전질환인 신경영양골병증은 3~9개월령에 증상이 확연해진다. 해당 개체는 발가락을 물어뜯기 시작하는데 고통에 둔감한 듯한 모습을 보인다. 그런데 발가락을 물어뜯는 행위는 미세한 벼룩이 원인인 경우가 대부분이다.

보호자 팁

포인터는 훈련이 쉽다. 8주령인 어린 강아지도 앞발을 들고 머리를 쭉 뻗는 자세를 취한다. 또 집중 시 나타나는 꼬리를 가볍게 떠는 등 포인터 특유의 자세를 보여주기도 한다.

특징

포인터는 탄탄한 체격에 짧고 매끈한 털을 가졌다. 주둥이가 넓적하고 콧구멍이 넓어 추격 능력이 뛰어나다. 입술은 턱선 아래까지 늘어져 있다. 두꺼운 발바닥은 거친 지형을 이동할 때 쿠션처럼 발을 보호한다.

분류 S – 스포팅
북미, 영국, FCI 회원국

수명
11~13년

색상
단색은 레몬색, 오렌지색, 적갈색, 검은색이 나타남
단색에 흰색이 다양한 형태로 섞일 수 있음

머리
중간 너비의 두상에 두꺼운 주둥이

눈
적절한 크기의 둥글 모양에 짙은 눈동자

귀
눈과 같은 높이에 위치한 귀가 턱 아래까지 늘어짐

가슴
깊지만 넓지는 않음, 흉골이 선명함

꼬리
점점 가늘어지며 말리지 않음
뒷무릎 관절까지 닿을 수 있지만 다리 사이로 오지 않음

체중
수컷 25~34kg
암컷 20.5~29.5kg

아이와의 친밀도

털 관리

먹이량

운동량

어깨까지 높이
수컷 63.5~71cm
암컷 58.5~66cm

자이언트 슈나우저GIANT SCHNAUZER

자이언트 슈나우저는 단단하고 믿음직스럽게 보인다. 천성이 기민해서 좋은 경비견이며 몸집만 봐도 침입자를 물러나게 만들 정도로 크다. 이 친구는 독일에서 슈나우저에 그레이트 데인과 로트바일러을 교배해 만들어졌다. 자이언트 슈나우저는 원래 독일 남부 뮌헨 인근 지방에서 소를 몰던 녀석이다.

성격

지능이 높고 적응력이 뛰어나며 훈련이 쉬운 자이언트 슈나우저는 믿음직스럽고 성격 좋은 반려견이다. 패기 넘치고 강력한 이 친구는 체력이 좋아서 어떤 날씨에도 실외 운동을 즐길 정도다.

건강 관리

자이언트 슈나우저는 유전적으로 뒷다리가 약해 고관절이형성증이 나타날 확률이 높다. 이 질환은 움푹 들어가야 할 엉덩이 관절이 너무 얕아서 대퇴골두가 관절에 제대로 들어맞지 않아 생기는 질환이다. 다만 종견의 선별작업이 잘 이루어진다면 고관절이형성증의 위험을 피할 수 있다.

보호자 팁

자이언트 슈타우저는 평소 털이 잘 빠지지 않는데, 대략 6개월에 한 번씩 스트리핑으로 뽑아주면 충분하다. 다만 이 그루밍 작업은 전문가에게 맡기는 편이 좋다. 자이언트 슈나우저 주변에 소떼가 있다면 잠들어 있던 허딩 본능이 다시 깨어날 수 있으므로 주의해야 한다.

특징

탄탄한 체격을 가진 자이언트 슈타우저는 머리에 난 털과 수염이 덥수룩하게 난 것이 특징이다. 솔트앤페퍼라는 색상 조합은 검은색과 흰색이 번갈아 난 털 때문에 나타나는 무늬를 묘사하는 표현이다. 음영은 중간 밝기의 회색이 가장 이상적이지만 짙은 철회색에서 은빛까지 다양하게 나타나는 편이다.

분류 W – 워킹
북미, 영국, FCI 회원국

수명
10~12년

색상
검은색, 솔트앤페퍼

머리
긴 직사각형 두상에 강한 주둥이

눈
중간 크기의 타원형에 짙은 갈색 눈동자

귀
중간 길이의 V자형 귀가 두개골에서 높은 곳에 위치하고 머리 가까이 위치

가슴
중간 크기

꼬리
시작 부위가 높음
경계 시 높게 올림

체중
32~35kg

아이와의 친밀도

털 관리

먹이량

운동량

어깨까지 높이
수컷 64.75~70cm
암컷 59.75~64.75cm

부비에 데 플랑드르BOUVIER DES FLANDRES

고향인 벨기에에서 목축견으로 쓰이던 부비에는 '소를 몬다'는 의미다. 벨기에 허딩 독은 세 가지 타입이 더 존재했지만, 제1차 세계대전을 거치면서 멸종되고 말았다. 부비에 드 플랑 드르의 조상은 보스롱Beauceron 등 다양한 견종이 섞인 것으로 추정되며 털이 헝클어진 외 모는 슈나우저의 영향을 일부 받은 것으로 보인다.

성격

두려움이 없고 믿음직스러운 이 친구는 제1차 세계대 전 당시 전장에서 메시지와 구급도구를 전달하는 개로 활약했다. 부비에 데 플랑드르는 천성이 대담해서 경 비견으로 훌륭할 뿐만 아니라 높은 지능에 반응성도 좋아서 안내견으로도 널리 활용된다.

건강 관리

부비에 데 플랑드르는 털 관리가 거의 필요 없으며 이 렇다 할 유전질환도 없다. 하지만 며느리발톱이 없는 강아지가 드물지 않게 태어나는 편이다.

보호자 팁

부비에 데 플랑드르는 육체적으로 힘이 세고 의지가 강 한 녀석임에도 훈련이 쉽고 일반적으로 성격이 좋다.

특징

부비에 데 플랑드르는 탄탄한 체격에 주둥이 양쪽으로 긴 털이 내려와 개성 있는 수염처럼 보인다. 질감이 거칠지만 궂은 날씨에도 끄떡없는 이중모를 가졌으며 머리와 등쪽의 털이 더 짧다. 방한성 좋은 속털은 겨울철에 눈에 띄게 두꺼워진다.

분류 He – 허딩
북미, 영국, FCI 회원국

수명
11~13년

색상
옅은 황갈색에서 검은색까지 다양함
단, 흰색, 초콜릿색, 얼룩무늬는
쇼독으로 인정되지 않음

머리
큰 두상이 주둥이보다 김
넓고 조금씩 뾰족해지는 주둥이

눈
타원형에 짙은 갈색 눈동자

귀
두개골에서 높은 곳에 위치
기민함이 느껴지는 귀

가슴
앞다리 무릎까지 내려오는
넓은 가슴

꼬리
시작 부위가 높고 꼿꼿하게 세움
일부 강아지는 꼬리 없이 태어남

체중
27~40kg

아이와의 친밀도

털 관리

묵임성

운동량

어깨까지 높이
수컷 62~70cm
암컷 60~67.5cm

로디지안 리지백RHODESIAN RIDGEBACK

사실상 거의 모든 견종의 기원이 북반구이지만 로디지안 리지백은 아프리카 남쪽 짐바브웨에서 탄생했다. 능선처럼 등을 타고 내려오는 독특한 털이 특징으로 호텐토트 독Hottentot Dog이라는 아프리카 토착 품종으로부터 물려받은 것이다. 호텐토트 독은 현재 멸종했지만 독특한 특징만은 로디지안 리지백을 통해 남아 있다. 초기 유럽 정착민들은 로디지안 리지백을 다른 유럽산 견종들과 함께 사자 사냥에 활용했다.

성격

대담하고 두려움이 없는 로디지안 리지백은 엄청난 체력의 소유자로 충분한 운동이 꼭 필요하다.

건강 관리

로디지안 리지백이 가진 희귀한 유전질환으로 등선에 난 털 앞뒤로 낭종이 생긴다. 이 증상은 뱃속 강아지의 척수에서 피부가 완전히 분리되지 않아 피부 모양의 빈 공간을 형성해서 발생한다. 털 관리는 쉬운 편으로 브러시로 간단히 빗어주기만 해도 충분하다.

보호자 팁

자기주장이 강한 녀석으로 문제를 일으키지 않도록 강아지 때부터 철저히 훈련시켜야 한다. 로디지언 리지백은 가족과 영역을 향한 보호본능이 대단하기 때문에 주인 명령에 복종하도록 잘 훈련시켜야만 한다. 제대로 훈련되지 않은 경우, 다른 개들과 마찰을 빚을 수 있다.

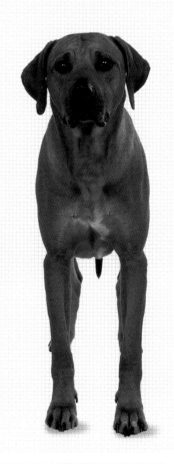

특징

로디지언 리지백의 밀색이 도는 황갈색은 개체별로 색의 차이가 있으며 가슴과 발가락에 작은 흰색 무늬가 허용된다. 털 자체는 짧고 윤기가 흐른다. 등선의 털은 어깨 뒤에서 시작하여 골반뼈까지 이어진다. 털에서 '크라운crown'이라고 부르는 소용돌이 무늬가 반대면 무늬와 정확하게 대칭을 이뤄야 한다.

분류 H – 하운드
북미, 영국, FCI 회원국

수명
10~12년

색상
밀색이 도는 황갈색

머리
편평한 두상에 귀 사이가 넓음

눈
둥근 모양에 똑똑한 인상을 주는 눈

귀
중간 크기의 귀가 두개골에서 높은 곳에 위치

가슴
넓지는 않지만 매우 깊음

꼬리
튼튼한 꼬리가 위쪽으로 살짝 휘어짐

체중
수컷 38.5kg
암컷 32kg

아이와의 친밀도

털 관리

운동량

목이량

어깨까지 높이
수컷 63.5~68.5cm
암컷 61~66cm

불마스티프 BULLMASTIFF

거대하고 막강한 힘을 가진 불마스티프는 도시 환경에 적합하지 않다. 이 녀석은 1800년 대 잉글랜드의 대규모 영지에서 길러졌다. 당시 사냥터 관리인이 밀렵꾼의 습격을 받아 죽는 일이 종종 발생했는데, 이에 사냥터 관리인들이 자신을 보호할 목적으로 만들어낸 견종이 불마스티프다. 마스티프와 당시 곰이나 황소와 싸움을 했던 무시무시한 잉글리시 불독을 교배시켜 탄생했다.

성격

오늘날까지도 불마스티프는 용맹한 기질을 간직하고 있으며 가까운 사람들에게 충성스러운 모습을 보인다. 험상궂은 외모와 달리 집 밖에서 모르는 사람을 만나도 친절한 모습을 보인다.

건강 관리

불독이 아직 건강하던 시절에 교배가 이뤄진 덕분인지 불마스티프는 유전질환으로부터 자유로운 편이다. 불마스티프는 구강 앞쪽 턱 안에 앞니가 추가로 날 수 있으며 눈꺼풀 상태에 따라 안검내반이 발생하기도 한다.

보호자 팁

막강한 힘을 가진 녀석이기에 언제나 주의해야 하고 함부로 다뤄서는 안 된다. 목줄을 차고 차분하게 산책하는 훈련을 반드시 시켜야 한다. 당연하게도 어린 아이들은 제대로 감당할 수 없을 정도로 힘이 세다. 다른 대형견 강아지들과 마찬가지로 불마스티프도 강아지 때 움직임이 다소 어설프므로 어린 시절 놀이를 많이 하면 좋다. 각종 게임은 신체 조정능력 향상에 도움을 준다.

특징

오늘날 인기 있는 색상은 아주 연한 황갈색이지만 과거에는 밤에 눈에 잘 띄지 않도록 짙은 줄무늬를 더 선호했다. 털은 짧고 단단한 느낌을 준다.

분류 W – 워킹
북미, 영국, FCI 회원국

수명
9~11년

색상
옅은 황갈색, 적색, 줄무늬
가슴에 일부 흰색

머리
크고 넓은 두상에 넓고 굵은 주둥이

눈
중간 크기에 짙은 눈동자

귀
V자형 귀가 두개골에서 높은 곳에 위치하고 귀 사이 간격이 넓어서 볼 가까이까지 내려옴

가슴
깊고 넓음

꼬리
뿌리가 넓으며 점점 가늘어짐
시작 부위가 높고 뒷무릎
관절까지 닿음

체중
수컷 50~59kg
암컷 45.5~54.5kg

아이와의 친밀도

털 관리

운동량

반려용

어깨까지 높이
수컷 63.5~68.5cm
암컷 61~66cm

아프간 하운드AFGHAN HOUND

오늘날 아프가니스탄의 중심부가 고향인 데서 그 이름이 유래한 이 당당한 사이트 하운드는 토끼에서 영양, 사슴에 이르는 다양한 동물들을 사냥하기 위해 수백 년 동안 길러졌다. 이 지역은 몸을 숨길 곳이 거의 없는 황량한 지형이었기에 이 하운드는 스피드와 지구력을 모두 갖춰야만 했다. 아프간 하운드는 1800년대 후반 처음 영국에 들어왔지만, 1920년대가 되어서야 널리 알려지기 시작했다.

성격

주변에 다소 무관심한 성격을 지닌 아프간 하운드는 아직도 강한 사냥 본능을 간직하고 있는 녀석이다. 하운드는 타고난 운동 능력을 갖고 있으며 독립적인 성향이 강하다. 다만 주인과는 강한 유대감을 형성하는 경향이 있다.

건강 관리

빽빽하고 부드러운 털을 잘 관리하고 엉킴을 방지하려면 매일 그루밍을 해줘야 한다. 이 친구는 백내장 등 여러 가지 눈 질환이 발생하기 쉽다. 개전염성간염 백신 접종 시 일부 개체에서 일시적으로 각막이 탁해지는 '블루 아이' 현상이 나타나기도 한다.

보호자 팁

아프간 하운드가 목줄을 하지 않아도 소형견을 쫓아가지 않을 정도로 세심하게 훈련시켜야 한다. 그리고 불의의 상황에 대비해 입마개 채우기를 권장한다.

특징

초창기 아프간 하운드는 개체별로 생김새의 차이가 심했다. 1920년대에 벨머레이Bell-Murray 혈통의 근간이 된 개체들은 사막 지형 출신으로 색상이 비교적 연하고 덩치가 작다. 반면 산악 지형에서 기원한 가즈니Ghazni 혈통은 체격이 더 탄탄하고 더 짙고 긴 털을 갖고 있다. 다만 현대에 들어서는 혈통을 따로 구분하지 않는다.

분류 H – 하운드
북미, 영국, FCI 회원국

수명
10~12년

색상
색상에 제한 없음
흰색 무늬는 선호되지 않음

머리
세련되고 잘 어울리는 길이의 두상에 매우 부드러운 머리털

눈
삼각형에 가까운 아몬드형에 짙은 눈동자

귀
긴 귀가 눈꼬리와 같은 높이에서 늘어짐

가슴
깊고 좁음

꼬리
시작 부위가 그다지 높지 않음
끝자락이 휘어짐

체중
수컷은 대략 27kg
암컷은 대략 22.5kg

아이와의 친밀도 | 털 관리 | 복종성 | 활동량

어깨까지 높이
수컷 66~71cm
암컷 61~66cm

도베르만DOBERMANN

도베르만의 우아한 자태와 강한 개성으로 특히 애견 훈련에 관심 있는 사람들의 사랑을 독차지하는 녀석이다. 도베르만은 가끔 장난감 소유욕이 강하고 성격이 급하기 때문에 어린 자녀가 있는 가정이라면 반려견으로 적합하지 않다. 도베르만은 일대일 관계에서 긴밀한 유대감을 형성하므로 핸들러와 궁합이 좋아 경찰이나 군대에서 성공적으로 활약한다. 이 친구는 1800년대 후반에 독일 세금 징수관이였던 루이 도베르만Louis Dobermann이 자신을 보호할 목적으로 만들어냈다. 도베르만의 탄생 과정에는 저먼 핀셔가 일부 영향을 미쳤다.

성격

대담하고 의지가 강하며 두려움이 없고 주인에서 충성스러운 도베르만은 처음에 납세 거부자나 돈을 노리는 도둑에게 겁을 주는 용도로 사용되었다. 현재는 초창기보다 훨씬 친근한 성격으로 바뀌었다.

건강 관리

도베르만은 피부 질환에 취약해 염증이 자주 발생하는데 알레르기나 과민 반응 등이 원인으로 작용한다. 벼룩에 물려 알레르기 반응이 나타나는 경우도 적지 않으므로 정기적으로 관련 기생충 구제가 필요하다.

보호자 팁

도베르만은 이름 있는 브리더에게서 분양받아 세심하게 훈련시키는 게 좋다. 어떤 이유로든 다 자란 성견을 데려온다면 처음에는 친근하게 다가올지 몰라도 도베르만의 기질 상 문제를 일으킬 가능성이 크다.

특징

도베르만의 털은 매끈하고 몸에 착 붙은 듯하며 양쪽 눈 위에 적갈색 무늬가 있다. 또한 주둥이와 윗가슴에 있는 적갈색이 다리와 발, 꼬리 아랫부분까지 이어진다.

분류 W – 워킹
북미, 영국, FCI 회원국

수명
10~12년

색상
검은색, 적색, 청색, 옅은 황갈색
적갈색 무늬가 있음

머리
옆모습이 뭉툭한 쐐기를 닮은 긴 두상

눈
아몬드형이며 털색에 맞춘 눈동자 색

귀
작은 귀가 두개골에서 높은 곳에 위치

가슴
넓고 앞가슴이 두드러짐

꼬리
등이 연장된 모양새
수평보다 살짝 위에 위치

체중
30~40kg

아이와의 친밀도

털 관리

모이랑

운동량

어깨까지 높이
수컷 66~71cm
암컷 61~66cm

아키타 이누 AKITA INU

이 강력한 대형견은 충분한 공간이 꼭 필요하다. 널찍한 마당과 규칙적인 고강도 산책을 시킬 시간과 에너지가 없다면, 당연히 입양을 고려해서는 안 된다. 아키타 이누는 17세기에 탄생했으며 아키타 현에서 곰 사냥을 한 데서 그 이름이 유래했다. 아키타 이누는 전차역까지 매일 주인을 배웅하고 마중 나왔던 하치코Hachiko라는 강아지의 일화가 알려지면서 세계적으로 유명해졌다. 안타깝게도 일터에서 주인이 사고를 당해 죽었지만 하치코는 주인이 돌아올 거라는 희망을 품고 죽을 때까지 전차역에 마중을 나갔다고 한다.

성격

너무나도 충성스러운 녀석으로 보호본능이 강해서 엄마가 자리를 비울 때 어린 아이를 맡겼을 정도라고 한다. 지능이 높고 다재다능한 이 친구는 용감하고 쉽사리 겁을 먹지 않는다.

건강 관리

아키타 이누는 굉장한 힘을 가지고 있기 때문에 강아지 때부터 잘 훈련시켜야 한다. 겨울을 난 털이 빠지는 봄에는 그루밍이 필요하지만 그 외에는 털 관리가 간단한 편이다. 아키타 이누를 다른 개들과, 특히 지배 성향이 강한 견종과 만날 때는 조심해야 한다. 도전받는다고 느끼면 그냥 물러서는 법이 없다.

보호자 팁

이 친구는 어린 시절부터 충분한 훈련과 사회화가 필요하다. 아키타 이누는 자기주장이 강하며 모르는 사람이나 다른 개들에게 호의적인 성격이 아니다.

특징

아키타 이누는 크고 강한 체격을 가졌으며 쫑긋한 귀가 기민한 인상을 준다. 목은 두터운 근육질이며 어깨도 강하다. 빽빽하고 부드러운 속털이 있는 이중모가 추위로부터 몸을 보호한다. 억센 바깥털에 기갑과 엉덩이 부위의 털이 가장 길다.

분류 W – 워킹
북미, 영국, FCI 회원국

수명
10~12년

색상
제한 없음

머리
큰 두상에 강력한 턱

눈
작은 크기에 짙은 갈색 눈동자

귀
작고 끝이 둥근 삼각형 귀가
두개골에서 높은 곳에 위치

가슴
깊고 넓음

꼬리
시작 부위가 높음
큰 꼬리가 등 위나 옆으로 말림

체중
34~50kg

아이와의 친밀도

털 관리

목욕량

활동량

어깨까지 높이
수컷 66~71cm
암컷 61~66cm

나폴리탄 마스티프 NEAPOLITAN MASTIFF

육중한 덩치로 느릿느릿 움직이는 나폴리탄 마스티프는 '견종계의 하마'로 봐도 무방하다. 나폴리탄 마스티프는 막강한 힘을 가진 녀석으로 몸집이 작고 힘이 약한 사람과는 어울리지 않는다. 웬만큼 넓은 공간이 아니면 감당할 수 없는 몸집이다. 또 덩치만큼이나 먹성도 좋다. 약 기원전 4세기 알렉산더 대왕 시절에도 있었던 것으로 알려진, 현존하는 가장 오래된 견종 중 하나다. 나폴리탄 마스티프의 조상은 인도 북부에서 유래했다.

성격

오늘날 나폴리탄 마스티프는 과거보다 훨씬 덜 공격적이지만 자신의 영역에 대한 보호본능은 살아 있다. 무시무시한 외모와는 달리 대체로 얌전하고 차분하며 붙임성이 좋고 훈련을 잘 받아들인다.

건강 관리

얼굴의 주름에 음식물 등이 남아 있다가 감염이 발생할 수 있으므로 늘 청결히 유지해야 한다.

보호자 팁

나폴리탄 마스티프는 침을 많이 흘리며 주변에 음식이 있거나 날씨가 더울 때 더 심해진다. 침 덩어리가 카펫이나 천으로 된 가구에 떨어지지 않도록 수건이나 화장지를 휴대하면서 나폴리탄 마스티프의 얼굴을 수시로 닦아주어야 한다. 이 초대형견은 열사병에 취약하다.

특징

주름지고 거대한 머리가 인상적이다. 아래턱에서 목 중간 부위까지의 살은 아래로 늘어져 있다. 목이 탄탄하며 몸통은 힘이 센 근육질이다. 빽빽하고 윤기 나는 털은 질감이 다소 거칠다.

분류 W – 워킹
북미, 영국, FCI 회원국

수명
10~12년

색상
황갈색, 적갈색, 회색, 검은색
황갈색 줄무늬와 일부 흰색 무늬
허용

머리
큰 두상에 걸맞은 넓은 주둥이

눈
움푹 들어가고 눈꺼풀이 처짐

귀
중간 크기의 삼각형 귀가 볼
가까이 위치

가슴
탄탄하며 넓고 깊음

꼬리
뿌리가 넓으며 점점 가늘어짐
수평보다 살짝 올라갈 수 있음

체중
수컷 68kg
암컷 50kg

아이와의 친밀도

털 관리

운동량

어깨까지 높이
수컷 66~79cm
암컷 61~73.5cm

아이리시 세터 IRISH SETTER

레드 세터 Red Setter라는 별명이 붙어 있는 아이리시 세터는 굉장히 멋진 털 색깔로 확고한 인기를 구축하고 있다. 성격은 다정하지만 안타깝게도 이 친구의 기본 속성과 행동 양식이 도시에는 어울리지 않는다. 아일랜드가 고향인 세터로 올드 스패니시 포인터 Old Spanish Pointer를 다양한 스패니얼 종과 교배한 결과 탄생했다. 원래 꿩이나 오리 사냥을 할 때 동행해. 사냥감을 그물 쪽으로 몰거나 함께 사냥하는 매가 공중에서 잡을 수 있도록 쫓는 역할을 맡았다. 훗날 아이리시 세터는 보르조이와 교배되어 우아함과 스피드는 향상되고 몸집이 더 커졌다.

성격

외향적인 성격, 그 자체인 아이리시 세터는 에너지와 열정이 넘치는 친구다. 제대로 훈련받지 않은 어린 강아지는 제멋대로 행동할 수 있다.

건강 관리

강아지 시기에 비정상적으로 발달한 대동맥이 식도폐색을 일으킬 수 있다. 목 넘김이 힘들어진 강아지는 역류가 일어나 음식물을 다시 뱉어낸다. 수술 시 증상 완화에 도움이 된다.

보호자 팁

아름다운 겉모습에 현혹되면 안 된다. 아이리시 세터는 꼭 매일 충분한 운동이 필요한데, 이것이 충족되지 않으면 기물을 파괴할 수 있다. 학습 능력이 떨어지기 때문에 어린 아이리시 세터는 인내심을 가지고 훈련시켜야 한다.

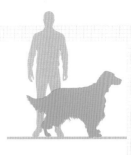

특징

색상뿐만 아니라 우아하고 힘이 넘치는 걸음걸이가 멋진 친구다. 앞다리의 앞쪽과 머리 부분은 털이 짧으며 나머지 부위는 길고 가라앉아 있다.

분류 S – 스포팅
북미, 영국, FCI 회원국

수명
11~13년

색상
적갈색
밤색을 띠는 적색으로 풍부한
색조를 연출

머리
귀 사이의 간격보다 두 배가량 긴
머리

눈
중간 크기의 아몬드형 눈에
적당한 미간

귀
눈과 같은 높이 또는 아래쪽에
위치한 귀가 머리와 가깝게
늘어짐

가슴
앞다리 무릎까지 내려온 깊은 가슴

꼬리
뿌리가 넓으며 점점 가늘어짐

체중
수컷 32kg
암컷 27kg

아이와의 친밀도

 털 관리

 먹이량

운동량

어깨까지 높이
수컷 68.5cm
암컷 63.5cm

피레니언 마운틴 독 PYRENEAN MOUNTAIN DOG

그레이트 피레니즈Great Pyrenees라고도 하는 이 고대의 마스티프 종은 17세기 태양왕 루이 14세로부터 '프랑스 왕실의 개Royal Dog of France'라는 칭호를 받은 이래, 많은 애호가들을 매료시켰다. 그리고 여러 영화에 출연한 이력도 인기에 한몫했다. 이 초대형견은 원래 프랑스와 스페인 사이에 위치한 피레네 산맥에서 가축을 지키는 일을 했다.

성격

다정하고 가족에게 헌신적인 피레니언 마운틴 독은 주변을 경계하는 기질이 아직도 남아 있어서 방문자를 쉽사리 받아들이지 않는다. 이 친구는 다소 독립적인 성향을 지니고 있으며 지능이 높고 문제해결 능력이 뛰어나다.

건강 관리

며느리발톱이 2개 자라는데, 정기적으로 깎아줘야 한다. 며느리발톱을 방치하면 둥글게 자라 발바닥 살을 파고든다.

보호자 팁

이 친구 역시 충분한 실내공간을 필요로 한다. 거실은 장애물이 없도록 치우고 꼬리에 밀려 물건이 떨어질 만한 낮은 높이에는 물건을 두지 않도록 한다. 녀석이 몸을 뻗어도 충분히 누울 수 있을 만한 대형 빈백 소파를 구비하는 것이 좋다. 일반적인 애견용 침대는 대형견에게 그다지 편하지 않은 경우가 많다.

특징

한 번 보면 잊히지 않는 거대한 피레니언 마운틴 독의 이중모는 두툼한 겉털이 가라앉아 있고 고운 속털이 빽빽하게 나 있어 방한 능력이 뛰어나다. 가끔 뒷다리에 며느리발톱이 2개 자라기도 하지만 기능적인 이상은 없다.

분류 W - 워킹
북미, 영국, FCI 회원국

수명
10~12년

색상
흰색 단색, 흰색 바탕에 회색, 회갈색, 적갈색, 황갈색 음영

머리
전체적으로 쐐기형이며 머리와 비슷한 크기의 주둥이

눈
중간 크기의 아몬드형에 짙은 갈색 눈동자

귀
작거나 중간 크기의 끝이 둥근 V자형 귀
주로 귀를 납작하게 내리고 다님

가슴
넓음

꼬리
뒷무릎 관절까지 닿을 수 있으며 등 위에 위치하기도 함

체중
수컷 45.5kg
암컷 38.5kg

아이와의 친밀도
털 관리
운동량

어깨까지 높이
수컷 68.5~81cm
암컷 63.5~73.5cm

세인트 버나드 ST. BERNARD

세인트 버나드의 기원과 이름의 유래는 베르나르 드 망통Bernard de Menthon이 스위스 알프스 지역에 세운 베르나르 호스피스와 밀접하게 연결되어 있다. 눈보라에 갇힌 사람들을 구조하는 개로 유명하며 믿음직스럽고 다정한 성격을 자랑한다. 아이들과 잘 지내기로 유명한 세인트 버나드지만 경비견으로는 그다지 적합하지 않다. 이 녀석은 로마 시대부터 해당 지역에서 길러졌던 알프스 지역 마스티프의 후손이다.

성격

과거 구조작업에 앞장섰던 세인트 버나드는 의지가 강하고 예리한 후각 능력을 보유하고 있다. 사람에게 호의적이지만 종종 독립적인 성향을 보여주기도 한다.

건강 관리

세인트 버나드는 혈액응고장애 등의 여러 가지 유전질환과 눈, 눈꺼풀 질환에 취약하다. 노령견의 경우 다리에 흔히 골육종이라고 하는 종양 발생에 굉장히 취약하다. 초기 증상으로 절뚝거림이 나타나는데, 암 세포가 전이되기 전에 빠른 진단이 매우 중요하다.

보호자 팁

세인트 버나드는 꼬리를 크게 휘두를 때마다 낮은 위치에 놓인 물건들을 넘어뜨리는 등 집안에서 어설픈 모습을 보일 수 있다. 덩치에 맞게 충분한 공간을 제공해야 편하게 지낼 수 있다. 사각형 주둥이를 가진 다른 마스티프 계열과 마찬가지로 침을 잘 흘리는 편이다.

특징

장모종과 단모종 두 가지 타입이 존재하며 양쪽 모두 털이 두터워 추위로부터 몸을 잘 보호해준다.

분류 W – 워킹
북미, 영국, FCI 회원국

수명
9~11년

색상
흰색에 다양한 패턴의 적색 무늬(줄무늬 포함)

머리
거대하고 광대뼈가 솟아 있어 넓은 두상에 짧은 주둥이

눈
중간 크기에 짙은 갈색 눈동자

귀
두개골에서 높은 곳에 위치 귀가 뿌리에서 뒤쪽으로 향하며 머리 옆에서 늘어짐

가슴
깊지만 앞다리 무릎까지 내려오지는 않음

꼬리
넓고 긴 꼬리가 휴식 중일 때 아래로 쭉 늘어짐 그 외에는 위로 세움

체중
50~91kg

아이와의 친밀도	털 관리	운동량	먹이량

어깨까지 높이
수컷 70cm
암컷 64.75cm

뉴펀들랜드 NEWFOUNDLAND

뉴펀들랜드는 차분하고 온순한 성격을 지닌 친구로 공간만 허락한다면 반려견으로 이상적이다. 다만 다른 대형견과 마찬가지로 식욕이 왕성하다. 이 친구의 탄생에는 피레니언 마운틴 독과 북미 토착종인 이누이트 견종이 많은 영향을 미친 것으로 추정된다. 뉴펀들랜드는 원래 수레를 끌던 개였지만 출중한 수영 실력을 가지고 있어서 어부들과 함께 그물을 끌어 올리는 작업을 하기도 했다.

성격

차분하고 충성스러운 기질을 가진 덕분에 아이들의 보호자 역할을 하는 반려견으로 오랫동안 묘사되었다. 뉴펀들랜드는 타고난 지능과 느긋한 성격 덕분에 새로운 환경에도 잘 적응한다.

건강 관리

강아지는 6개월령까지 대동맥이 좁아지는 대동맥하협착증을 검사해야 한다. 관련 증상이 있으면 운동 후 지나치게 숨이 헐떡이는데, 심한 경우 기절하기도 한다. 이 질환은 방치하면 돌연사 할 수도 있다.

보호자 팁

대형견일수록 덩치가 감당이 안 되는 경우가 많아서 강아지 때부터 적절한 훈련을 시켜야 한다. 뉴펀들랜드는 주인이 기뻐하는 모습을 본능적으로 좋아하기 때문에 대체로 훈련이 쉬운 편이다.

특징

뉴펀들랜드는 두터운 방수성 이중모를 가지고 있으며 여름철에는 털이 줄어든다. 발가락에 물갈퀴가 달려 있어 수영 실력이 뛰어나다. 검은색에 흰색이 섞인 타입은 빅토리아 여왕이 총애하던 화가 에드윈 랜시어Edwin Landseer의 이름을 따 '랜시어Landseer'라고 부른다. 별개의 종으로 볼 때도 있지만 색상 외에는 모든 면이 동일하다.

분류 W – 워킹
북미, 영국, FCI 회원국

수명
10~12년

색상
갈색, 회색, 검은색, 검은색에 흰색

머리
크고 넓은 두상에 넓고 두꺼운 주둥이

눈
짙은 갈색 눈동자

귀
작고 끝이 둥근 삼각형 귀

가슴
앞다리 무릎까지 내려온 깊고 꽉 찬 가슴

꼬리
넓고 강력함

체중
수컷 59~68kg
암컷 45.5~54.5kg

아이와의 친밀도   털 관리   운동량   훈련성

어깨까지 높이
수컷 71cm
암컷 66cm

보르조이BORZOI

우아함으로만 따지면, 보르조이에 비견될 만한 친구는 거의 없다. 좁은 두상에서 사이트 하운드임을 알 수 있다. 또 '빠르다'라는 뜻을 가진 러시아어 '보르지'에서 알 수 있듯이 놀라운 달리기 실력을 자랑한다. 보르조이는 그레이하운드 타입의 종견과 털이 긴 지역 목양견을 교배시킨 것으로 추정된다. 전통적으로 무리 지어 늑대사냥을 했던 녀석으로 '러시안 울프하운드Russian Wolfhound'라고도 불렸다. 러시아 황족들이 좋아했던 개라는 이유로 1917년 러시아혁명 이후 씨가 마르다시피 했지만, 다행히 유럽 각지에 퍼져 있던 보르조이가 조금 남아 있어서 명맥이 유지됐다.

성격

모르는 사람에게 다소 무관심한 보르조이이지만, 늑대와 바닥을 뒹굴며 몸싸움을 벌이면서 사냥꾼이 화살로 결정타를 날릴 때까지 사냥감을 물고 늘어질 정도로 용맹한 것으로 명성이 높다.

건강 관리

가끔 턱에서 일부 치아가 발달하지 않아 치아 결손이 발생하는데 도그쇼에서는 결점 요소로 작용한다. 보르조이는 조상의 특성을 이어받아 다른 하운드 계열보다 훈련이 쉬운 편이다. 털이 긴 부위는 정기적으로 그루밍을 해줘야 한다.

보호자 팁

보르조이는 주변에 운동할 수 있는 공간이 충분할 경우에만 선택해야 한다. 짝을 이뤄 사냥했던 녀석인 만큼 성격은 원만한 편이지만 역시 충분한 공간이 주어지지 않으면 문제를 일으킨다. 보르조이는 세심하고 조용한 반려견으로 처음 보는 사람에게도 크게 짖지 않는 편이다.

특징

보르조이의 털은 길고 살짝 웨이브가 있으며 매우 부드럽다. 흰색 털을 가진 개체가 많다. 다리가 길어 우아하면서도 힘차게 달리는 모습을 볼 수 있다.

분류 H – 하운드
북미, 영국, FCI 회원국

수명
10~12년

색상
제한 없음

머리
전체적으로 길고 뾰족하며
정수리가 살짝 반구형

눈
똑똑한 인상을 주는 짙은
눈동자가 비스듬히 위치

귀
경계 시 세우는 작은 귀

가슴
좁고 깊음

꼬리
시작 부위가 낮음
긴 꼬리가 등보다 아래에서 휘어짐

체중
수컷 34~47.5kg
암컷 27~43kg

아이와의 친밀도

털 관리

묶임성

활동량

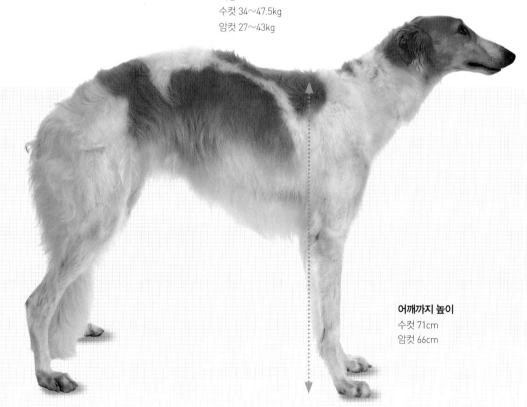

어깨까지 높이
수컷 71cm
암컷 66cm

러시안 블랙 테리어RUSSIAN BLACK TERRIER

현재는 사역견 취급을 받는 러시안 블랙 테리어는 내성적인 성격을 타고났다. 하지만 사람에게 붙임성이 좋은 편이다. 1940년대 구소련 시절, 모스크바 외곽에 위치한 애견전문가 중앙교육원Central School of Cynology Specialists에서 처음 탄생했다. 러시안 블랙 테리어는 자이언트 슈나우저와 로트바일러, 에어데일 테리어 등의 여러 견종을 토대로 안전성에 특히 중점을 두고 만들어졌다.

성격

흔들림 없고 강한 의지를 가진 경비견인 러시안 블랙 테리어는 훈련을 잘 받아들인다. 일단 훈련을 받은 개체는 통제하기 쉽다. 지능이 뛰어나고 믿음직스러우며 충성스럽다.

건강 관리

당당한 성격을 타고난 러시안 블랙 테리어는 학습 능력이 뛰어난 녀석으로 규칙적인 생활을 좋아한다. 여느 대형 사역견과 마찬가지로 수컷과 암컷은 몸집과 외모에 차이가 있다. 쇼독의 경우 체형 심사에 용이하도록 가볍게 트리밍하되 전체적으로 자연스러운 모습을 그대로 유지해야 한다.

보호자 팁

러시안 블랙 테리어는 사람들과 긴밀히 협력하여 일할 수 있도록 만들어졌다. 이 친구와 함께 충분한 시간을 보낸다면 매우 충성스러운 반려견이 되어줄 것이다. 가급적 가족도 함께 훈련에 참여하면 반응성이 더 좋아질 것이다.

특징

러시안 블랙 테리어는 헝클어지고 뻣뻣한 검은 털을 가지고 있다. 전체적인 생김새를 보면 자이언트 슈나우저가 러시안 블랙 테리어의 탄생에 큰 영향을 끼친 것으로 추정된다. 겉털은 최대 10㎝까지 자란다. 가끔 혀에 검은색 무늬가 있는 녀석도 있다.

분류 W – 워킹
북미, 영국, FCI 회원국

수명
10~13년

색상
검은색
단색

머리
넓은 두상에 살짝 짧은 주둥이

눈
중간 크기의 타원형에 짙은 눈동자

귀
작은 삼각형 귀가 두개골에서 높은 곳에 위치

가슴
넓고 깊음

꼬리
시작 부위가 높음
치켜올린 굵은 꼬리가 등 위에 위치

체중
38.5~63.5kg

아이와의 친밀도

털 관리

운동량

짖는 경향

어깨까지 높이
수컷 68.5~76cm
암컷 66~73.5cm

231

그레이하운드GREYHOUND

그레이하운드는 가축화가 이뤄진 개들 가운데 가장 빠른 녀석으로 단거리 달리기를 할 때 최대 시속 64㎞의 속도로 달린다. 그레이하운드의 역사는 6,000년 전까지 거슬러 올라가는데, 현대의 그레이하운드와 거의 동일한 모습을 한 하운드가 고대 이집트의 무덤과 유물 등에서 발견되기도 한다. 사냥 능력이 높은 평가를 받았기에 다른 목양견들과 자주 교배가 이루어졌으며, 이렇게 탄생한 러처Lurcher는 밀렵꾼이 애용했고 애완용으로도 수요가 커졌다. 러처는 그레이하운드의 속도에 목양견의 좋은 반응성을 합친 녀석이다.

성격

온순하고 붙임성 좋은 성격을 타고난 그레이하운드는 조용한 기질을 지니고 있다. 그레이하운드는 대체로 훈련이 쉽고 매우 다정한 편이다. 그레이하운드끼리도 사이좋게 지낸다.

건강 관리

과거 경주견으로 활동했던 그레이하운드라면 부상이 남아 있는 경우가 대부분이다. 이 녀석은 위장이 꼬여 공기가 차는 고창증에 잘 걸리는데, 예방하기 위해 식사 직후에는 운동을 시키지 말아야 한다.

보호자 팁

그레이하운드는 추격 본능이 매우 강하므로 마음껏 달리도록 풀어놓을 때 다른 동물이 물리지 않도록 늘 입마개를 채워야 한다. 그레이하운드는 짧은 시간만 달려도 충분하므로 트랙을 돌듯 큰 원을 그리며 운동을 시키는 것이 좋다. 털이 짧고 매끈해서 그루밍은 간단하다.

특징

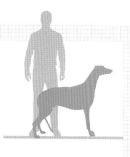

그레이하운드는 흉곽이 깊어 폐활량이 좋은데, 이는 운동 능력에 아주 중요한 요소로 작용한다. 쇼독은 더 세련된 외모를 지녀, 경주용 그레이하운드와 살짝 생김새가 다르다.

분류 H – 하운드
북미, 영국, FCI 회원국

수명
10~12년

색상
제한 없음

머리
길고 뾰족한 두상에 귀 사이 간격이 비교적 넓음

눈
똑똑한 느낌을 주는, 반짝반짝거리는 짙은 눈동자

귀
작고 부드러운 귀가 두개골 높이에 평소 반쯤 접힌 상태지만 흥분 시 세움

가슴
깊고 늑골이 잘 벌어져 비교적 넓음

꼬리
점점 가늘어지고 살짝 휘어진 긴 꼬리를 아래로 내림

체중
수컷 29.5~32kg
암컷 27~29.5kg

아이와의 친밀도

털 손질

목이랑

운동량

어깨까지 높이
수컷 71~76cm
암컷 68.5~71cm

마스티프MASTIFF

올드 잉글리시 마스티프Old English Mastiff라고도 하는 마스티프는 원래 투견을 목적으로 기르던 개였다. 마스티프의 조상은 이미 2,000년 전부터 영국에 존재했던 것으로 보인다. 지금도 막강한 힘을 그대로 간직하고 있어서 어린 시절부터 적절한 훈련을 시켜야만 한다. 다 자라면 웬만한 성인보다도 무게가 더 나간다.

성격

마스티프의 기질은 수백 년에 걸쳐 많은 변화를 거친 끝에 현재는 붙임성이 좋아졌다. 그럼에도 불구하고 이 녀석은 아직도 강한 영역 본능을 가지고 있어서 모르는 사람을 쉽사리 받아들이지 않는다.

건강 관리

마스티프는 날씨가 더울 때 헐떡임과 침 흘림이 심해져 힘든 기색을 보이는 경우가 많다. 서늘한 곳에서 생활할 수 있도록 하는 것이 좋고 무더운 대낮에 운동하는 것은 금물이다. 머리쪽 주름진 피부에 부분적으로 염증이 발생하는 경우가 있다. 무거운 체중 때문에 개가 엎드리는 앞다리 무릎 부위가 압박을 받아 털이 없고 단단한 굳은살이 생길 수 있다. 아프지는 않겠지만 보기 좋지 않다.

보호자 팁

마스티프는 엄청난 식욕의 소유자로 과체중이 되기 십상이다. 비만이 되지 않으려면 세심한 식단과 충분한 운동이 필수적이다. 털 관리는 간단한 편이다.

특징

이 녀석은 불마스티프보다 훨씬 더 크고 무겁다. 위엄 있는 외모가 특징이며 두꺼운 몸통 덕분에 강한 체격이 더 두드러진다. 마스티프의 이중모는 거친 겉털과 짧고 빽빽한 속털을 가지고 있다. 목은 넓고 근육질이다.

분류 W – 워킹
북미, 영국, FCI 회원국

수명
10~12년

색상
살구색, 옅은 황갈색
상기 색상에 줄무늬 가능

머리
귀 사이가 넓고 편평한 두상에
짧고 넓은 주둥이

눈
중간 크기의 눈에 적당한 미간
짙은 갈색 눈동자

귀
작고 끝이 둥근 V자형 귀

가슴
앞다리 무릎까지 내려온 넓고
깊은 원형의 가슴

꼬리
시작 부위가 높음
뒷무릎 관절 높이까지 점점
가늘어짐
등 위로 올리지 않음

체중
79~86kg

아이와의 친밀도

털 관리

목욕량

운동량

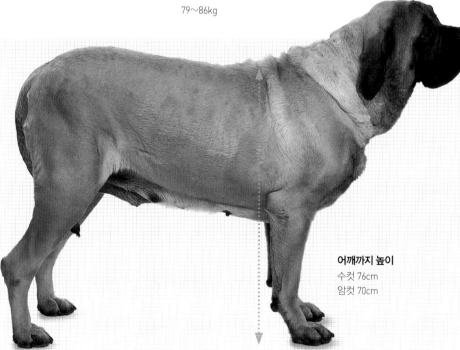

어깨까지 높이
수컷 76cm
암컷 70cm

그레이트 데인 GREAT DANE

어깨높이가 101.5㎝에 이를 정도로 세계에서 가장 큰 견종이다. 큰 개체의 경우 작은 망아지만 한 크기를 자랑한다. 실내외 공간이 허락한다면 그레이트 데인은 붙임성 좋은 성격을 가진 멋진 반려견이다. 그레이트 데인은 더 체격이 크고 사냥개로 이름을 날렸던 견종의 후손이다.

성격

거대한 몸집과는 달리 점잖고 순한 그레이트 데인은 의욕이 넘치고 놀이를 매우 좋아해 십 대 청소년들과 잘 어울린다.

건강 관리

그레이트 데인은 워블러 증후군이라는 척수증이 나타날 수 있다. 척수가 지나가는 경추에 생기는 유전질환으로 증상은 뒷다리의 가벼운 쇠약에서 마비까지 다양하게 나타난다. 안타깝게도 그레이트 데인은 비교적 수명이 짧은데, 나이가 들수록 관절염과 뼈암에 취약해진다.

보호자 팁

그레이트 데인은 신체 발달이 느린 편이다. 다른 초대형 견종과 마찬가지로 성장기 이후에는 관절이 약해지지 않도록 과도한 운동은 피해야 한다. 또한 이 친구는 위장이 꼬여 가스가 찰 경우 심각한 문제를 일으키는 고창증이 발생할 수 있으므로 식사 후 바로 운동하는 것은 금물이다.

특징

그레이트 데인의 색상 중 할리퀸Harlequin은 흰색 바탕에 목을 제외한 머리와 몸통에 불규칙한 검은색 무늬가 있는 모습을 의미한다. 맨틀Mantle은 검은색 무늬가 망토처럼 몸통을 덮고 있는 패턴을 지칭한다.

분류 W – 워킹
북미, 영국, FCI 회원국

수명
8~11년

색상
옅은 황갈색, 청색, 검은색, 할리퀸, 맨틀

머리
긴 직사각형 두상만큼이나 긴 주둥이

눈
중간 크기의 아몬드형에 짙은 눈동자

귀
두개골 높이 위치한 귀가 정수리에서 접힘

가슴
넓고 깊은 근육질

꼬리
넓은 꼬리가 뒷무릎 관절까지 내려오면서 점점 가늘어짐
등 높이보다 위로 올리지 않음

체중
45.5~54.5kg

아이와의 친밀도

털 관리

운동량

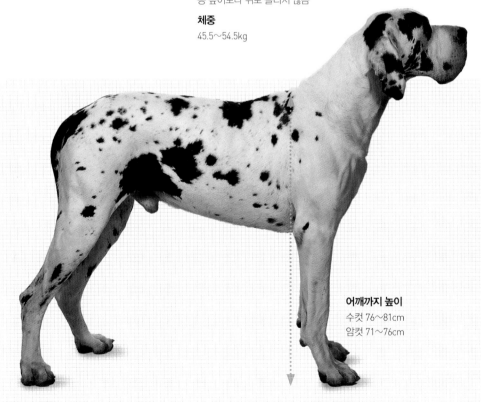

어깨까지 높이
수컷 76~81cm
암컷 71~76cm

아이리시 울프하운드 IRISH WOLFHOUND

아이리시 울프하운드는 웬만한 개들은 모두 내려다볼 정도로 거대한 몸집을 가졌지만 성격은 온순하다. 이 거대한 하운드는 원래 고향 아일랜드에서 늑대 사냥용으로 키워졌다. 그러나 1770년대에 늑대가 멸종하면서 존재 가치가 희미해졌다. 다행히 디어하운드 Deerhound를 비롯해 그레이트 데인, 피레니언 마운틴 독 등 다른 견종들과 교배를 시키면서 아이리시 울프하운드는 멸종 위기에서 벗어날 수 있었다.

성격

아이리시 울프하운드는 온순하고 다정한 성격을 지니고 있지만 다소 산만한 모습을 보이는데, 특히 어릴 때 심하다. 이 친구는 훈련을 잘 받아들인다. 이는 거대한 몸집을 가진 개에게 큰 장점으로 작용한다.

건강 관리

강아지 때 심한 운동은 성견이 된 후 관절에 문제를 일으킬 수 있으므로 피해야 한다. 정기적으로 비교적 짧게 하는 운동이 간헐적인 장거리 달리기보다 훨씬 낫다. 털은 거의 관리가 필요하지 않으며 방습력이 뛰어나 비 오는 날에도 속털까지 잘 젖지 않는다. 노령견은 골육종이라는 골암에 취약하다. 해당 질환으로 다리를 절단해야 하는 경우도 있지만 아이리시 울프하운드는 이런 시련도 놀라울 정도로 잘 적응한다.

보호자 팁

거대한 크기에 맞는 충분한 사육 공간이 필수적이다. 길고 강한 꼬리가 낮은 위치에 놓인 물건은 간단하게 날려버리므로 의도치 않게 사고를 치기 일쑤다. 자유롭게 뛰어다닐 수 있는 안전한 방목장이 있다면 아이리시 울프하운드에게는 더할 나위 없는 생활 환경이다.

특징

털이 헝클어진 아이리시 울프하운드는 옆모습이 그레이하운드와 비슷하게 보일 정도로 달리는 속도가 매우 빠르다. 보폭이 넓어 힘들이지 않고 걷는 듯 보이며, 튼튼하게 휜 발톱 덕분에 고속으로 달릴 때도 안정감을 유지한다.

분류 H – 하운드
북미, 영국, FCI 회원국

수명
8〜10년

색상
흰색, 옅은 황갈색, 적색, 회색,
검은색, 줄무늬

머리
길고 편평한 두상에 긴 주둥이

눈
짙은 눈동자

귀
그레이하운드를 닮은 작은 귀

가슴
매우 깊고 중간 정도로 넓음

꼬리
길고 살짝 휘어짐

체중
수컷 54.5kg
암컷 41kg

아이와의 친밀도

털 관리

운동량

어깨까지 높이
수컷 81〜86cm
암컷 76cm

코카푸 COCKAPOO
코커 스패니얼 × 푸들

디자이너 독이라고 모두 인기가 있는 것은 아니다. 교배시켜 태어난 강아지가 그리 귀엽지 않거나 성격에 문제가 있을 수 있기 때문이다. 하지만 외모와 성격 모두 높은 평가를 받는 코카푸를 본다면 인기가 높은 이유를 단번에 알 수 있다. 코카푸의 크기는 부모의 크기에 따라 결정되며 스탠다드 푸들이나 토이 푸들보다 미니어처 푸들을 주로 사용하는 편이다. 잉글리시 코커 스패니얼과 아메리칸 코커 스패니얼 모두 교배에 사용된다. 1960년대에 처음 코카푸를 만들었다는 기록이 남아 있다.

성격

호기심 많고 의욕이 넘치며 명랑한 성격을 가진 코카푸는 지능이 높고 붙임성 있는 반려동물이다.

건강 관리

코카푸의 피모 타입은 한배에서 난 새끼들 사이에도 차이가 있을 정도로 달라서 그루밍 요구 수준도 개체별로 다르다. 코카푸는 분리불안이 쉽게 찾아오는 경향이 있으므로, 어릴 때부터 일정 기간 혼자 떨어져 있는 훈련을 시켜야 한다. 분리불안이 있는 친구는 주인이 집에 없을 때 반복적으로 짖고 기물을 파괴할 수 있다.

보호자 팁

코카푸는 외모만 매력적인 것이 아니라 푸들의 피를 이어받아 털이 많이 빠지지 않는다. 또한 훈련이 비교적 쉽고 반응성이 좋다. 울타리가 처진 마당에서 공놀이를 하면 매우 좋아한다.

특징

디자이너 독의 특성상 개체마다 특징이 제 각이지만 일반적으로 코커 스패니얼이 가진 비교적 가라앉은 털보다 푸들처럼 털이 곱슬거리는 경우가 많다. 살구색과 초콜릿색이 인기가 많다. 코카푸를 몇 대에 걸쳐 브리딩하면 같은 타입의 견종으로 표준화되는 양상이 있어, 공인된 특성을 가진 견종으로 만들려는 움직임이 시작되었다.

분류 D – 디자이너 독
일반적인 공인 견종이 아님
코카푸 클럽에서만 인정

수명
10~12년

색상
단색, 얼룩무늬에 흰 부분도 가능

머리
비교적 넓은 두상에 알맞은
비율의 주둥이, 돌출된 코

눈
상당히 움푹 들어가고 짙은
눈동자

귀
길고 넓은 귀가 두개골 뒤에 위치

가슴
깊고 중간 크기

꼬리
시작 부위가 높음
뿌리가 굵고 등 위에서 앞쪽을 향함

체중
다양함
교배에 사용된 푸들의 영향을
크게 받음

아이와의 친밀도   털 관리   운동량   활동량

어깨까지 높이
교배 대상에 따라
매우 다양함

래브라두들LABRADOODLE
래브라도 리트리버×푸들

래브라두들은 브리딩 프로그램으로 탄생한 최초의 디자이너 독이다. 1989년 호주에서 래브라두들 교배가 처음 시도되었다. 지능이 높아 시각장애인 안내견으로 훈련시킬 수 있으면서도, 푸들의 유전자를 통해 개 알레르기가 있는 사람에게도 문제를 일으키지 않는 장점을 갖춘 개를 만드는 것이 목표였다.

성격

지능이 높고 장난기 넘치는 래브라두들은 가정용 반려견으로 훌륭하다. 본능적으로 물을 좋아해서 언제든지 물에 뛰어들 수 있으니 주의해야 한다. 래브라두들은 일반적으로 매우 안정적인 성격을 지니고 있으며 훈련을 매우 잘 받아들인다.

건강 관리

디자이너 독은 부모 세대인 순종보다 건강하다는 인식이 일반적이다. 그러나 유감스럽게도 래브라두들에게는 해당되지 않는 이야기다. 래브라두들은 부모들이 가졌던 고관절이형성증, 눈 질환 등의 여러 질환들을 물려받을 수 있다. 디자이너 독 번식용이라고 종견 확인을 소홀히 하는 것도 강아지에게 문제가 생길 가능성을 높이는 데 일조한다.

보호자 팁

레브라두들이 다른 녀석들보다 알레르기 반응을 일으킬 가능성이 낮다고는 하지만, 실제로 알레르기를 덜 일으키는 것은 아니다. 또 털빠짐도 개체별로 차이가 있다.

특징

래브라두들의 교배 단계에서 어떤 푸들을
썼느냐에 따라 몸집이 달라지므로 특징도
제각각이다. 일부 래브라두들은 다른 개체보
다 털이 더 곱슬거리기도 한다.

분류 D – 디자이너 독
현재 공인 견종이 아님

수명
10~12년

색상
단색이지만 얼룩무늬에 흰 부분도
가능

머리
비교적 넓은 두상에 알맞은
비율의 주둥이, 돌출된 코

눈
상당히 움푹 들어가고 타원형에
짙은 눈동자

귀
길고 넓은 귀가 두개골에서 높은
곳에 위치하고 얼굴 측면에
가까움

가슴
비교적 깊고 넓음

꼬리
비교적 눈에 잘 띄지 않음

체중
교배에 사용된 푸들의 영향을
받아 다양함

아이와의 친밀도

털 관리

몸이량

활동량

어깨까지 높이
교배 대상에 따라
매우 다양함

퍼글PUGGLE
퍼그×비글

디자이너 독 중 다수가 푸들을 종견으로 애용하는데 퍼글은 비글과 퍼그를 교배시켜 탄생했다. 퍼글은 1990년대에 작은 크기와 귀여운 외모, 가족용 반려견으로 사람들이 좋아할 만한 기질로 인기를 끌기 시작했다.

성격

붙임성 좋고 장난기 넘치는 퍼글은 흥분을 잘하고 다소 고집스러운 면이 있어서 훈련이 어려울 때도 있다. 하지만 퍼글은 아는 사람과 긴밀한 유대관계를 형성하여 디자이너 독 중 손꼽히는 인기를 자랑한다.

건강 관리

퍼글의 종견은 고관절이형성증 등 관련 유전질환에 취약하므로 선별이 잘 이뤄져야 한다. 일반적으로 퍼글은 퍼그만큼 눈이 돌출되지 않아 눈을 다칠 염려가 적다. 부모가 되는 양쪽 종견 모두 식탐이 상당하므로 퍼글도 과식하지 않도록 주의해야 한다. 정기적으로 체중을 확인하고 식사량을 조절해야 한다.

보호자 팁

털이 짧아 관리가 매우 간단하다. 퍼글은 일상적으로 짖고 하울링을 하므로 다소 시끄러울 수 있고, 분리불안에 시달릴 수 있어 반드시 혼자 남겨지는 훈련을 시켜야 한다.

특징

퍼글은 비글과 퍼그 사이에서 태어나 비교적 작은 편이다. 주둥이는 퍼그보다 덜 납작하고 색상 범위가 꽤 다양해서 일부 개체는 퍼그가 연상되는 검은 마스크 무늬가 얼굴에 있는가 하면 비글처럼 얼룩무늬가 나타나기도 한다.

분류 D – 디자이너 독
현재 공인 견종이 아님

수명
12~14년

색상
단색이지만 얼룩무늬에 흰 부분도 가능

머리
상당히 작은 두상
비교적 짧은 주둥이와 주름진 이마

눈
둥글 모양에 짙은 눈동자

귀
두개골 높이 위치
삼각형에 가까운 귀가 머리
앞쪽을 향함

가슴
비교적 넓음

꼬리
시작 부위가 높음
뿌리가 굵고 꼬리가
몸통으로부터 멀리 위치

체중
8~13.5kg

아이와의 친밀도

털 관리

모이양

운동량

어깨까지 높이
33~38cm

카바푸CAVAPOO
캐벌리어 킹 찰스 스패니얼×푸들

카바푸는 1950년대에 미국에서 처음 만들어진 이후 세계적으로 탄탄한 인기를 구축했다. 오늘날 호주에서는 주로 카부들Cavoodle라고 부른다. 피모 타입이 매우 다양하며 개체에 따라서는 최상의 외모 유지를 위해 전문가의 손길이 필요할 수도 있다. 캐벌리어 킹 찰스 스패니얼과 푸들을 교배시킨 견종으로, 여러 가지 건강 문제를 안고 있는 토이 푸들 대신 미니어처 푸들이 사용되었다. 카바푸는 학습이 빠른 편이지만 지속적으로 관심을 주지 않으면 지루함을 느껴 사고를 치기도 한다.

성격

캐바푸는 지능이 높고 학습 능력이 뛰어나다. 이 친구는 사람에게 강한 애착을 보이며 장난기 넘치는 성격을 지녀 작은 반려견을 원하는 가정에 이상적이다.

건강 관리

부모인 캐벌리어 킹 찰스 스패니얼에게 여러 가지 건강 문제가 있으므로 수의사의 검진이 필수적이다. 심장의 승모판 이상처럼 강아지 때 바로 증상을 보이지는 않는 질환도 있으므로 정기적으로 검진을 받는 것이 좋다.

보호자 팁

카바푸는 비만 예방을 위해 매일 정기적으로 운동을 시키는 것이 좋다. 비만은 승모판 이상을 악화시키는 요인으로 작용한다. 분리불안이 쉽게 올 수 있으므로 혼자 남겨지는 훈련이 필요하다.

특징

다소 헝클어진 모습에 비교적 머리가 크며 주둥이가 짧아 열사병에 취약할 수 있다. 표현력이 매우 풍부하고 매력적인 눈을 가지고 있다.

분류 D – 디자이너 독
현재 공인 견종이 아님

수명
13~15년

색상
다양함
밤색 바탕에 흰 무늬가 많은 편
부모인 푸들 유전자의 영향으로
흰색이나 검은색 등 단색도 가능

머리
짧은 길이의 두상에 비교적 짧은 주둥이

눈
움푹 들어가고 짙은 눈동자

귀
늘어진 귀가 두개골 뒤쪽에 위치

가슴
중간 너비

꼬리
시작 부위가 높음
뿌리가 굵고 등 위로 올릴 수 있음

체중
대개 5.5~11.5kg 사이

아이와의 친밀도

털 관리

운동량

어깨까지 높이
25~35.5cm

폼치POMCHI
포메라니안×치와와

미국에서 처음 교배가 이뤄졌으며 이후 1980년대부터 영국에서 인기를 얻기 시작했다. 작은 몸집에도 불구하고 자기주장이 매우 강하고 충성스러운 녀석이다. 다만 심하게 짖는 경향이 있어 시끄러울 수 있으니 자제시킬 필요가 있다.

성격

장난기 넘치고 지능이 높은 폼치는 가까운 가족과 긴밀한 유대감을 형성한다. 하지만 처음 보는 사람은 경계하기 때문에 경비견으로는 적합하다. 폼치를 운동시킬 때, 대형견과 마주치지 않는 곳이 바람직하다.

건강 관리

포메라니안과 치와와가 모두 슬개골 탈구가 비교적 흔하고 치아에 자주 문제가 발생하는 것으로 보고되므로 자연스럽게 동일한 질환이 폼치에게도 나타날 수 있다.

보호자 팁

이 작은 친구는 어느 정도 나이가 있는 자녀와는 매우 잘 맞지만 강아지를 거칠게 다룰 무려가 있는 어린 아이가 있는 집에는 그다지 어울리지 않는다. 폼치는 학습이 빠르지만 마음대로 하려는 고집스러운 면이 있으니 문제가 생기지 않도록 엄하고 일관성 있게 훈련에 임해야 한다.

특징

개체별 특징은 부모인 치와와가 단모종이냐 장모종이냐 따라 큰 영향을 받는다. 폼치는 단일모나 이중모 모두 가능하며 어느 쪽이든 꼬리에 장식털이 풍부한 편이다.

분류 D – 디자이너 독
현재 공인 견종이 아님

수명
14~17년

색상
부모인 푸들 유전자의 영향으로 다양함
단색이거나 흰 무늬가 섞일 수 있음
세이블과 얼룩무늬도 있다고 알려짐

머리
귀 사이가 둥글며 살짝 반구형 두상
뾰족한 주둥이

눈
움푹 들어가고 짙은 눈동자

귀
수직으로 선 삼각형 귀

가슴
몸보다 가슴을 덮은 털이 김

꼬리
시작 부위가 높음
꼿꼿이 세운 꼬리에 난 긴 장식털이 몸 양쪽으로 늘어짐

체중
대개 2.5~6.5kg 사이

아이와의 친밀도

털 관리

모 이량

운동량

어깨까지 높이
15~25 cm

슈누들SCHNOODLE
슈나우저×푸들

대단히 매력적인 외모를 타고난 슈누들은 디자이너 독 중 가장 인기가 많은 녀석으로 여러 가정에 잘 어울리는 훌륭한 반려견이다. 슈누들은 지능이 높고 활발하며 반응성이 좋아 비슷한 형태로 교배한 견종이 40년 전부터 만들어졌을 정도였다.

성격

이 친구는 자기주장이 상당히 강하며 고양이와 잘 지내지 못한다. 다만 고양이를 이미 키우고 있는 가정에서 아주 어린 시절부터 자란 경우라면 큰 문제가 되지 않는다.

건강 관리

유전성 백내장 같은 눈 질환 이외에도 다양한 질환들이 종견에게 없는지 확인해봐야 한다. 고관절이형성증과 슬개골 탈구 같은 관절 문제도 신경을 써야 한다.

보호자 팁

슈누들은 일반적으로 다정하고 아이들을 좋아하는 성격을 지녀 가정용 반려견으로 훌륭하다. 이 친구는 너무 놀이를 좋아하는데, 놀이 상대가 어리고 약해보이면 다소 과격해질 수 있으니 지켜볼 필요가 있다.

특징

어떤 종견이 사용되는지 알아야 강아지가 어느 정도까지 자라게 될지 가늠할 수 있다. 생김새가 매우 다양하지만 풍성한 눈썹털과 동그란 눈은 언제나 이 친구의 매력 포인트다.

분류 D – 디자이너 독
현재 공인 견종이 아님

수명
10~15년

색상
종견의 색상만큼 매우 다양함
검은색에 황갈색 등 다른 색이
혼합된 형태가 많음
살구색, 은색, 회색, 세이블 등도
나올 수 있음

머리
정수리가 다소 반구형인 넓은 두상
비교적 강력한 주둥이

눈
움푹 들어가고 짙은 눈동자
눈썹털이 조금 위에 있음

귀
넓고 삼각형에 가까운 귀가 머리
측면으로 늘어짐

가슴
중간 너비로 살짝 타원형일 수 있음

꼬리
시작 부위가 높고 꼿꼿이 세움

체중
교배 대상에 따라 매우 다양함

아이와의 친밀도

털 관리

운동량

짖는 소리

어깨까지 높이
교배 대상에 따라
매우 다양함

삽살개 SAPSAREE

삽살개는 삼국시대 이전부터 한반도에 서식했던 우리나라 토종 견종이다. 삽살개는 원래 신라 왕실에서 기르던 견종이었는데, 통일신라가 멸망하면서 민가로 흘러들어 전국으로 퍼져나갔다고 한다. '삽살'은 귀신이나 액운을 쫓는다는 뜻이다. 그래서 "삽살개가 있는 곳에는 귀신도 얼씬 못한다"는 옛말이 전해질 정도다.

1940년대 일제는 긴 털과 방한·방습에 탁월한 가죽을 가지고 있던 삽살개를 전쟁 물자로 활용하기 위해 150만 마리가량 학살했다. 그렇게 멸종 직전까지 간 삽살개를 1960년대 말부터 경북대학교 고故 하성진 교수와 그의 아들 하지홍 교수가 2대에 걸쳐 삽살개의 원형을 복원했다. 삽살개는 1992년 천연기념물 제368호로 지정되었고, 1998년부터 지금까지 독도경비대와 함께 독도를 지키고 있다.

성격

푸근한 외모처럼 온순하고 상냥하며, 가족에게 순종적이고 충성스럽다. 어릴 때 함께한 가족이라면 몇 년이 지나도 잊지 않고 반길 정도로 영특하고 정이 많은 녀석이다. 일반적으로 다른 동물을 공격하지 않지만, 일단 싸움이 벌어지면 물러서지 않는 근성도 가지고 있다.

건강 관리

특별한 유전질환은 없고 고관절 건강도는 다른 대형견과 비교했을 때 좋은 편에 속한다. 다만 긴 털 때문에 더운 날씨에 운동은 피하는 것이 좋다. 긴 털이 시야를 상당 부분 가리면서 후각과 소리에 의존하는 경향이 있다.

보호자 팁

삽살개는 체격이 크고 힘이 세다. 어린 시절부터 적절한 운동과 산책을 시켜주어야 하고 사회화 훈련도 병행해야 한다. 장모의 경우 털이 길어 속털까지 꼼꼼하게 자주 빗질을 해주어야 한다.

특징

삽살개는 간식에 대한 욕심이나 움직이는 물체를 포획하려는 욕구가 적어서 기구를 활용한 훈련은 적합하지 않다. 대신 사람의 표정과 감정을 살피는 능력이 탁월해 칭찬과 스킨십을 활용한다면 쉽게 훈련시킬 수 있다. 장모종이 대부분이지만 드물게 단모종도 태어난다.

분류 NS – 논스포팅
현재 공인 견종이 아님

수명
12~14년

색상
제한 없음

머리
큰 두상에 강력한 턱

눈
크고 둥근 형태이며 짙은 갈색 눈동자

귀
일반적으로 누운 형태의 귀가 두개골에서 높은 곳에 위치

가슴
깊고 넓음

꼬리
등줄기쪽으로 위로 말려 올라감

체중
수컷 22~30kg
암컷 20~28kg

아이와의 친밀도

털 관리

짖음

운동량

어깨까지의 높이
수컷 55~63cm
암컷 52~60cm

진도개 JINDO DOG

전라남도 진도가 원산지인 토종견이다. 진도개는 석기시대의 사람들이 기르던 개의 후예가 진도라는 섬의 특수한 환경에서 혈통과 야성을 순수하게 유지해온 친구다. 어린 시절부터 함께한 주인과 가족만을 따르기로 유명하며 민첩하고 용맹해 사냥견으로서도 손색이 없다. 또 불가사의할 정도로 뛰어난 귀소본능을 가지고 있다. 산 넘고 바다 건너 먼 곳에 진도개를 내려놓아도 배를 타거나 헤엄을 쳐서 집을 찾아오는 경우가 허다했다. 가족과 영역을 지키려는 성향이 강해서 어릴 때부터 많은 사람이나 동물과 어울리게 하는 등 반드시 사회화 훈련을 해야 한다. 천연기념물 제53호로 지정되어 진도군의 보호를 받고 있다.

성격

강아지 때부터 따로 훈련을 시키지 않아도 스스로 대소변을 가리고 자신의 몸을 깨끗하게 유지하는 경향이 있다. 또한 주인의 허락이 있어야만 음식을 먹는 등 놀라운 자제력을 가지고 있다. 반면 자신의 영역에 대한 집착이 강하고 고집이 센 편이다.

건강 관리

진도개는 굉장히 건강한 편이다. 유전적인 질환이 거의 없는 대신 전염병에 취약한 편이다. 하지만 주기적으로 예방접종을 해준다면 큰 문제는 없다. 일 년에 두 번 털갈이를 하며, 이중모로 털이 많이 빠지는 편이기 때문에 주기적인 그루밍이 필요하다.

보호자 팁

이 친구는 체구에 비해 힘이 굉장히 센 편이다. 그리고 영역을 지키려는 본능이 강해 모르는 사람이나 다른 개에게 호의적이지 않다. 어린 시절부터 적절한 훈련과 사회화가 필요하다. 체력도 강한 편이라 하루 30분 이상의 길게 산책을 시키는 게 좋다.

특징

진도개는 사냥 본능이 강해 목표물을 설정하면 대담하고 용맹하게 달려든다. 공격성을 드러낼 때 목의 털을 꼿꼿하게 세우는 습성이 있다. 또 영민하면서도 신중해서 문제해결 능력도 뛰어나다. 부드러운 속털과 뻣뻣한 겉털을 가지고 있어 추위로부터 몸을 잘 보호한다. 털색은 흰색과 황색을 비롯해 다양한 털색이 있다.

분류 S – 스포팅
대한민국, FCI 회원국

수명
12〜14년

색상
흰색, 황색 등

머리
정면에서 볼 때 이마는 넓고, 주둥이는 뾰족한 형태

눈
타원형의 위로 향하는 눈꼬리와 짙은 갈색 눈동자

귀
작고 끝이 뾰족한 삼각형 귀가 두개골에서 높은 곳에 위치

가슴
깊고 넓음

꼬리
몸에 알맞게 굵고 힘 있게 올라 있고 낮꼬리나 말린꼬리여야 함

체중
수컷 16〜20kg
암컷 13〜17kg

아이와의 친밀도

털 관리

목 이탈

운동량

어깨까지의 높이
수컷 48〜53cm
암컷 45〜50cm

참고문헌

The Atlas of Dog Breeds of the World by Bonnie Wilcox & Chris Walkowicz (TFH Publications, 1989).

The Canadian Kennel Club Book of Dogs by The Canadian Kennel Club (Stoddard Publishing, 1988).

Canine Lexicon by Andrew De Prisco & James B. Johnson (TFH Publications, 1993).

The Complete Book of Australian Dogs by Angela Sanderson (The Currawong Press, 1981).

The Complete Dog Book by The American Kennel Club (Ballantine Books, 2006).

The Complete Dog Book by Peter Larkin & Mike Stockman (Lorenz Books, 1997).

Dictionary of Canine Terms by Frank Jackson (Crowood Press, 1995).

The Dog: The Complete Guide to Dogs & Their World by David Alderton (Macdonald, 1984).

Dogs: The Ultimate Dictionary of Over 1000 Dog Breeds by Desmond Morris (Ebury Press, 2001).

Gun Dog Breeds. A Guide to Spaniels, Retrievers and Sporting Dogs by Charles Fergus (Lyons & Burford, 1992).

Herding Dogs: Their Origins and Development in Britain by I. Combe (Faber & Faber, 1987).

Hounds of the World by David Alderton (Swan Hill Press, 2000).

The Kennel Club's Illustrated Breed Standards by The Kennel Club (Ebury Press, 1998).

Legacy of the Dog: The Ultimate Illustrated Guide to over 200 Breeds by Testsu Yamazaki (Chronicle Books, 1995).

The New Terrier Handbook by Kerry Kern (Barron's, 1988).

Smithsonian Handbooks: Dogs by David Alderton (Dorling Kindersley, 2002).

Toy Dogs by Harry Glover (David & Charles, 1977).

국립국어원 표준어대사전에는 '진돗개'로 표기하도록 되어 있으나,
전문적으로 진도개를 연구하는 진도군청 진도개축산과 혈통관리팀의 의견에 따라
이 책에서는 '진도개'로 표기하였음을 밝힙니다.

애견 단체

American Canine Hybrid Club,
10509 S & G Circle,
Harvey, AR 72841, USA.
www.achclub.com

American Kennel Club, 260 Madison Avenue,
New York, NY 10016, USA.
www.akc.org

Australian National Kennel Council, PO Box 285,
Red Hill South, Victoria 3937, Australia.
www.ankc.org.au

Canadian Kennel Club, 89 Skyway Avenue, Suite
100, Etobicoke, Ontario M9W 6R4, Canada.
www.ckc.ca

Continental Kennel Club, PO Box 1628, Walker,
LA 70785, USA.
www.ckcusa.com

Irish Kennel Club, Fottrell House, Harold's Cross
Bridge, Dublin 6W, Republic of Ireland.
www.ikc.ie

The Kennel Club, 10 Clarges Street, London W1J
8DH, England.
www.thekennelclub.org.uk

National Kennel Club, 255 Indian Ridge Road, PO
Box 331, Blaine, Tennessee 37709, USA.
www.nationalkennelclub.com

Dogs NZ, Prosser Street,
Private Bag 50903, Porirua 6220, New Zealand.
www.nzkc.org.nz

United Kennel Club, 100 East Kilgore Road,
Kalamazoo, MI 49002, USA.
www.ukcdogs.com

Universal Kennel Club International,
101 W Washington Avenue, Pearl River,
NY 10965, USA.
www.universalkennel.com

World Wide Kennel Club, PO Box 62, Mount Ver-
non, NY 10552, USA.
www.worldwidekennel.qpg.com

한국삽살개재단
(38412) 경상북도 경산시 와촌면 삽살개공원길 37
www.sapsaree.org

진도군청 진도개축산과
(58915) 전라남도 진도군 진도읍 철마길 25
www.jindo.go.kr

● 삽살개와 진도개 이미지를 제공해주시고 내용을 확인해주신
  한국삽살개재단과 진도군청 진도개축산과에 깊이 감사드립니다.

찾아보기